ANIMAL DISEASE PREVENTION AND QUARANTINE TECHNOLOGY (SECOND EDITION)

動物防疫與檢疫技術（第二版）

朱俊平，葛愛民　主編

CONTENTS／目　錄

緒論 ………………………………………………………………………… 1
第一章　動物疫情調查與評估 …………………………………………… 4

　章節指南 ………………………………………………………………… 4
　認知與解讀 ……………………………………………………………… 4
　　任務一　動物疫病發生的調查 ……………………………………… 4
　　任務二　動物疫病流行過程的調查 ………………………………… 7
　操作與體驗 ……………………………………………………………… 12
　　技能　畜禽養殖場疫情調查方案的制定 …………………………… 12
　複習與思考 ……………………………………………………………… 15

第二章　動物疫病監測與診斷 …………………………………………… 16

　章節指南 ………………………………………………………………… 16
　認知與解讀 ……………………………………………………………… 16
　　任務一　動物臨診檢查 ……………………………………………… 17
　　任務二　病理學檢查 ………………………………………………… 21
　　任務三　樣品的採集 ………………………………………………… 24
　　任務四　實驗室檢查 ………………………………………………… 28
　操作與體驗 ……………………………………………………………… 32
　　技能一　動物血液樣品的採集 ……………………………………… 32
　　技能二　口蹄疫樣品的採集 ………………………………………… 35
　　技能三　反轉錄-聚合酶鏈式反應（RT－PCR）檢測豬瘟病毒 …… 36
　知識拓展 ………………………………………………………………… 38
　　拓展知識　口蹄疫監測計劃 ………………………………………… 38
　複習與思考 ……………………………………………………………… 1

第三章　動物疫病防控 …………………………………………………… 41

　章節指南 ………………………………………………………………… 41
　認知與解讀 ……………………………………………………………… 41

  任務一 消毒的實施 ………………………………………… 41
  任務二 動物糞汙的處理 ……………………………………… 50
  任務三 殺蟲、滅鼠的實施 …………………………………… 52
  任務四 免疫接種的實施 ……………………………………… 54
  任務五 藥物預防的實施 ……………………………………… 61
 操作與體驗 ……………………………………………………… 63
  技能一 養殖場進場人員及車輛的消毒 …………………… 63
  技能二 圈舍帶動物消毒 ……………………………………… 64
  技能三 養殖場空圈舍的消毒 ………………………………… 65
  技能四 養殖場消毒效果檢驗 ………………………………… 66
  技能五 家禽的免疫接種 ……………………………………… 68
  技能六 家畜的免疫接種 ……………………………………… 71
  技能七 畜禽標識的加施 ……………………………………… 73
  技能八 畜禽驅蟲 ……………………………………………… 74
 複習與思考 ……………………………………………………… 76

第四章 共患疫病的檢疫規範 …………………………………… 77

 章節指南 ………………………………………………………… 77
 認知與解讀 ……………………………………………………… 77
  任務一 口蹄疫的檢疫 ………………………………………… 77
  任務二 狂犬病的檢疫 ………………………………………… 78
  任務三 假性狂犬病的檢疫 …………………………………… 79
  任務四 結核病的檢疫 ………………………………………… 81
  任務五 布魯氏菌病的檢疫 …………………………………… 82
  任務六 炭疽的檢疫 …………………………………………… 83
  任務七 棘球蚴病的檢疫 ……………………………………… 84
  任務八 日本血吸蟲病的檢疫 ………………………………… 85
 操作與體驗 ……………………………………………………… 86
  技能一 牛結核病檢疫 …………………………………………86
  技能二 羊布魯氏菌病檢疫 …………………………………… 88
 知識拓展 ………………………………………………………… 90
  拓展知識一 人畜共患病名錄 ……………………………… 90
 複習與思考 ……………………………………………………… 90

第五章 豬疫病的檢疫管理 ……………………………………… 91

 章節指南 ………………………………………………………… 91

認知與解讀 ·· 91
 任務一 非洲豬瘟的檢疫 ·· 91
 任務二 豬瘟的檢疫 ·· 93
 任務三 豬繁殖與呼吸症候群的檢疫 ···································· 94
 任務四 豬細小病毒病的檢疫 ·· 95
 任務五 豬環狀病毒感染症的檢疫 ·· 96
 任務六 豬傳染性萎縮性鼻炎的檢疫 ···································· 97
 任務七 豬鏈球菌病的檢疫 ·· 98
 任務八 副豬嗜血桿菌病的檢疫 ·· 99
 任務九 豬支原體肺炎的檢疫 ·· 100
 任務十 豬丹毒的檢疫 ·· 101
 任務十一 豬肺疫的檢疫 ·· 102
 任務十二 豬旋毛蟲病的檢疫 ·· 103
 任務十三 豬囊尾蚴病的檢疫 ·· 104
操作與體驗 ·· 105
 技能一 豬瘟的檢疫 ·· 105
 技能二 豬旋毛蟲病的檢疫 ·· 106
知識拓展 ·· 108
 拓展知識 種豬場主要疫病監測工作實施方案 ···························· 108
複習與思考 ·· 109

第六章 禽疫病的檢疫管理 ·· 110

章節指南 ·· 110
認知與解讀 ·· 110
 任務一 禽流感的檢疫 ·· 110
 任務二 雞新城疫的檢疫 ·· 112
 任務三 雞馬立克病的檢疫 ·· 113
 任務四 雞傳染性法氏囊病的檢疫 ·· 114
 任務五 雞傳染性支氣管炎的檢疫 ·· 115
 任務六 雞傳染性喉氣管炎的檢疫 ·· 116
 任務七 禽痘的檢疫 ·· 116
 任務八 禽白血病的檢疫 ·· 117
 任務九 雞白痢的檢疫 ·· 118
 任務十 雞球蟲病的檢疫 ·· 119
 任務十一 鴨瘟的檢疫 ·· 121
 任務十二 小鵝瘟的檢疫 ·· 122

操作與體驗 ··· 123
　　　技能一　雞白痢的檢疫 ··· 123
　　　技能二　反轉錄-聚合酶鏈式反應（RT-PCR）檢測新城疫病毒 ········ 124
　　知識拓展 ··· 127
　　　拓展知識　種禽場主要疫病監測工作實施方案 ····················· 127
　　複習與思考 ··· 128

第八章　牛羊疫病的檢疫管理 ··· 129

　　章節指南 ··· 129
　　認知與解讀 ··· 129
　　　任務一　牛海綿狀腦病的檢疫 ·· 129
　　　任務二　藍舌病的檢疫 ··· 130
　　　任務三　牛病毒性腹瀉/黏膜病的檢疫 ······························· 131
　　　任務四　牛白血病的檢疫 ·· 132
　　　任務五　牛傳染性鼻氣管炎的檢疫 ··································· 133
　　　任務六　小反芻獸疫的檢疫 ··· 134
　　　任務七　綿羊痘和山羊痘的檢疫 ······································ 135
　　　任務八　山羊病毒性關節炎-腦炎的檢疫 ···························· 136
　　　任務九　片形吸蟲病的檢疫 ··· 137
　　操作與體驗 ··· 138
　　　技能　牛傳染性鼻氣管炎抗體的檢測 ································ 138
　　知識拓展 ··· 140
　　　拓展知識　種牛羊場主要疫病監測工作實施方案 ·················· 140
　　複習與思考 ··· 141

第八章　兔疫病的檢疫管理 ··· 142

　　章節指南 ··· 142
　　認知與解讀 ··· 142
　　　任務一　兔病毒性出血病的檢疫 ····································· 142
　　　任務二　兔黏液瘤病的檢疫 ··· 143
　　　任務三　兔熱病的檢疫 ··· 144
　　　任務四　兔球蟲病的檢疫 ·· 145
　　複習與思考 ··· 146

參考文獻 ··· 147

《動物防疫與檢疫技術》

緒　　論

　　動物疫病是制約畜牧業發展的重要因素，在長期與疫病鬥爭過程中，人們越來越清楚地認識到疫病預防的重要性，並提出了許多疫病防控的原則。「未病先防，既病防變」是春秋戰國時期，中國傳統醫學提出的防病思想。「檢疫」作為疫病預防的重要措施之一，起源於 14 世紀的歐洲，主要用於防止人類疫病的流行與傳染，後來「檢疫」措施擴展到對動物及動物產品的管理。英國在 1866 年簽署了一項法令，撲殺由進境種牛傳染的全部病牛，這是最早的動物檢疫法令。

一、動物疫病

　　1. 動物疫病的概念　　動物疫病是指由病原體（細菌、病毒等微生物和寄生蟲）感染引起的，具有傳染性的動物疾病，即動物傳染病，包括寄生蟲病。

　　2. 動物疫病的特徵　　動物疫病雖然因病原體的不同以及動物的差異，在臨診上表現各種各樣，但同時也具有一些共性，主要有下列特點。

　　（1）由病原體作用於機體引起。動物疫病都是由病原體引起的，如狂犬病由狂犬病病毒引起，豬瘟由豬瘟病毒引起，雞球蟲病由艾美耳球蟲引起等。

　　（2）具有傳染性和流行性。從患病動物體內排出的病原體，侵入其他動物體內，引起其他動物感染，這就是傳染性。個別動物的發病造成了群體性的發病，這就是流行性。

　　（3）感染的動物機體發生特異性免疫反應。幾乎所有的病原體都具有抗原性，病原體侵入動物體內一般會激發動物體的特異性免疫反應。

　　（4）耐過動物能獲得特異性免疫。當患疫病的動物耐過後，動物體內產生了一定量的特異性免疫效應物質（如抗體、細胞因子等），並能在動物體內存留一定的時間。在這段時間內，這些效應物質可以保護動物機體不受同種病原體的侵害。每種疫病耐過保護的時間長短不一，有的幾個月，有的幾年，也有終身免疫的。

　　（5）具有特徵性的症狀和病變。由於一種病原體侵入易感動物體內，侵害的部位相對來說是一致的，所以出現的臨診症狀基本相同，顯現的病理變化也基本相似。

二、動物防疫

　　1. 動物防疫的概念　　動物防疫是指動物疫病的預防、控制、診療、淨化、消滅和動物、動物產品的檢疫，以及病死動物、病害動物產品的無害化處理。就是指採取

動物防疫與檢疫技術

各種措施,將動物疫病排除於動物群之外,根據疫病發生發展的規律,採取包括消毒、免疫接種、藥物預防、檢疫、隔離、封鎖、畜群淘汰等措施,消除或減少疫病的發生。

2. 動物防疫工作的基本原則

(1) 建立和健全各級動物疫病防控機構。重視基層動物疫病防控機構建設,構建立體式動物疫病防控機構。動物防疫工作是一項與農業、商業、對外貿易、衛生、交通等部門都有密切關係的重要工作。只有各有關部門密切配合、緊密合作,從全局出發,統一部署,全面安排,才能把動物防疫工作做好。

(2) 貫徹預防為主,預防與控制、淨化、消滅相結合的方針。做好防疫衛生、飼養管理、消毒、免疫接種、檢疫、隔離、封鎖等綜合性防疫措施,以達到提高動物健康水準和抗病能力,控制和杜絕動物疫病的傳染蔓延,降低發生率和致死率。隨著集約化畜牧業的發展,預防為主的方針更顯重要,如果防疫重點不放在預防、控制、淨化、消滅方面,而忙於治療個別病例,勢必會造成發生率不斷增加,病例越治越多,使防疫工作陷入被動局面。

(3) 貫徹執行防疫法規。

三、動物檢疫

1. 動物檢疫的概念　　動物檢疫是指為了預防、控制、淨化、消滅動物疫病,保障動物及動物產品安全,保護畜牧業生產和人民身體健康,由法定的機構和法定的人員,依照法定的檢疫項目、對象、標準和方法,對動物及動物產品進行檢疫、定性和處理的一項帶有強制性的技術行政措施。

動物檢疫不同於一般的獸醫診斷,雖然都是採用獸醫診斷技術對動物進行疫病診斷,但二者在目的、對象、範圍和處理等方面有很大的不同。

2. 動物檢疫的特點　　動物檢疫的性質決定了其不同於一般的動物疫病診斷和監測工作,在各方面都有嚴格的要求,有其固有的特點。

(1) 強制性。動物檢疫是政府的強制性行政行為,受法律保護。動物衛生監督機構依法對動物、動物產品實施檢疫,任何單位和個人都必須服從並協助做好檢疫工作。凡不按照規定或拒絕、阻撓、抗拒動物檢疫的,都屬於違法行為,將受到法律制裁。

(2) 法定的機構和人員。

(3) 法定的檢疫項目和檢疫對象。實施檢疫時,從動物飼養到運輸、屠宰、加工、儲藏乃至產品運輸、市場出售的各個環節所進行的各方面的檢查事項,稱為動物檢疫項目。法律、法規對各環節的檢疫項目,分別做了不同規定。動物衛生監督機構和檢疫人員必須按規定的項目實施檢疫,否則所出具的檢疫證明將會失去法律效力。

檢疫對象是指動物疫病,而法定檢疫對象是指由國家或地方根據不同動物疫病的流行情況、分布區域及危害大小,以法律的形式規定的某些重要動物疫病。

(4) 法定的檢疫標準和方法。檢疫的方法以準確、迅速、方便、靈敏、特異、先進等指標為標準,在若干檢疫方法中進行選擇,將最先進的方法作為法定的檢疫方法,以確保動物檢疫的科學性和準確性。動物檢疫必須採用法律、法規統一規定的檢疫方法和判定標準。

2

緒　論

（5）法定的處理方法。動物檢疫人員必須按照規定方法對動物及其產品實施檢疫，對檢疫後的處理，必須執行統一的標準，不得任意設定。根據檢疫結果，即合格與不合格兩種情況，分別做出相應的處理。

（6）法定的檢疫證明。國家對其格式、電子出證系統的管理等方面均有統一規定，並以法律的形式加以固定。動物檢疫人員必須按照規定出具法定的檢疫證明。

3. 動物檢疫的作用　動物檢疫是消滅疫病、保障人類健康的重要手段，其主要的作用體現在下列幾個方面。

（1）監督作用。動物檢疫人員透過索證、驗證，發現和糾正違法的行為。透過監督檢查促使動物飼養者自覺開展預防接種等防疫工作，達到以檢促防的目的；同時可促進動物及其產品經營者主動接受檢疫，合法經營；另外還可促進產地檢疫順利進行，把不合格的動物及其產品處理在流通環節之前。

（2）保護畜牧業生產。透過動物檢疫，可以及時發現動物疫情，及時採取防控措施，防止動物疫病散播。

（3）保護人體健康。動物及動物產品與人類生活緊密相關，許多疾病可以透過動物或動物產品傳染給人。200多種動物疫病中，70％以上可以傳染給人，75％的人類新疫病來源於動物或動物源性食品，如布魯氏菌病、炭疽、結核病、豬囊尾蚴病等。透過動物檢疫，檢出患病動物或帶菌（毒）動物，以及帶菌（毒）動物產品，保證進入流通領域的動物及其產品的衛生品質，防止人畜共患病的傳染，保護人民的健康。

（4）促進對外經濟貿易發展。隨著全球經濟一體化，動物及其產品貿易量也越來越大。透過對進口動物及動物產品的檢疫，及時發現患病動物或染疫產品，禦疫病於國門之外，同時可依照有關法律及協定進行索賠，使國家免受損失。另外，透過對出口動物及動物產品的檢疫，可保證畜產品品質，維護國家對外貿易信譽，提高國際市場競爭力，促進畜牧業發展。

《動物防疫與檢疫技術》

第一章

動物疫情調查與評估

章節指南

本章的應用：用於動物疫病發生流行情況的調查，透過分析疫情調查資料，明確動物疫病的發生流行規律，為制定和評價疫病防控措施提供依據。

完成本章所需知識點：感染；疫病發生的條件及發展的四個階段；疫病流行過程的三個基本環節；疫病流行過程的特徵；疫病調查分析的方法。

完成本章所需技能點：進行疫情調查分析。

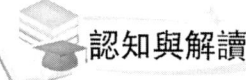
認知與解讀

任務一 動物疫病發生的調查

動物機體在整個生命活動中，會受到來自體內外各種病原體的侵襲。病原體感染動物機體後，可引起機體不同程度的損傷，機體內部與外界的相對平衡穩定狀態遭受破壞，機體處於異常的生命活動中，其機能、代謝甚至組織結構多會發生改變，從而在臨診上出現一系列異常的症狀，導致動物疫病的發生。

一、感染

1. 感染的概念 病原體侵入動物機體，並在一定的部位定居、生長繁殖，引起動物機體產生一系列病理反應的過程，稱為感染，亦可稱傳染。病原體對動物的感染不僅取決於病原體本身的特性，而且與動物的易感性、免疫狀態以及環境因素有關。

當病原體具有相當的毒力和數量，並且動物機體的抵抗力又相對較弱時，動物機體就會表現出一定的臨診症狀；如果病原體毒力較弱或數量較少，而動物機體的抵抗力較強時，病原體可能在動物體內存活，但不能大量繁殖，動物機體也不表現明顯症狀。動物機體抵抗力較強時，機體內並不適合病原體的生長，一旦病原體進入動物體內，機體能迅速動員自身的防禦力量將病原體殺死，從而保持機體機能的正常穩定。

2. 感染的類型 病原體與動物機體抵抗力之間的關係錯綜複雜，影響因素較多，

第一章　動物疫情調查與評估

造成了感染過程的表現形式多樣化，從不同角度可分為不同的類型。

（1）外源性感染和內源性感染。病原體從外界侵入動物機體引起的感染過程，稱為外源性感染，大多數疫病都屬此類。如果病原體是寄居在動物體內的條件性病原體，由於動物機體抵抗力的降低而引起的感染，稱為內源性感染。

（2）單純感染和混合感染、原發感染和繼發感染。由單一病原體引起的感染，稱為單純感染；由兩種以上的病原體同時參與的感染稱為混合感染。動物感染了一種病原體後，隨著抵抗力下降，又有新的病原體侵入或原先寄居在動物體內的條件性病原體引起的感染，稱為繼發感染；最先侵入動物體內引起的感染，稱為原發感染。如雞感染了支原體後，再感染大腸桿菌，那麼感染支原體是原發感染，感染大腸桿菌是繼發感染。

（3）顯性感染和隱性感染。一般按患病動物症狀是否明顯可分為顯性感染和隱性感染。動物感染病原體後表現出明顯的臨診症狀稱顯性感染；症狀不明顯或不表現任何症狀稱為隱性感染。隱性感染的動物一般難以發現，多是透過病原體檢查或血清學方法查出，因此在臨診上這類動物更具危險性。

（4）良性感染和惡性感染。一般以患病動物的致死率作為標準，致死率高者稱為惡性感染，致死率低的則為良性感染。如狂犬病為惡性感染，豬氣喘病多為良性感染。

（5）最急性、急性、亞急性和慢性感染。常把病程較短，一般在24h內，沒有典型症狀和病變的感染稱為最急性感染，常見於傳染病流行的初期。急性感染的病程一般在幾天到2週不等，常伴有明顯的症狀，這有利於臨診診斷。亞急性感染的動物臨診症狀一般相對緩和，也可由急性感染發展而來，病程一般在2週到一個月不等。慢性感染病程長，在一個月以上，如布魯氏菌病、結核病等。

（6）典型感染和非典型感染。在感染過程中表現出該病的特徵性臨診症狀，稱為典型感染。而非典型感染則表現或輕或重，與特徵性臨診症狀不同。

（7）局部感染和全身感染。病原體侵入動物機體後，能向全身多部位擴散或其代謝產物被吸收，從而引起全身性症狀，稱為全身感染，其表現形式有菌（病毒）血症、毒血症、敗血症和膿毒敗血症等。如果侵入動物體內的病原體毒力較弱或數量不多，常被限制在一定的部位生長繁殖，並引起局部病變的感染，稱為局部感染，如葡萄球菌、鏈球菌引起的化膿創等。

（8）病毒的持續性感染和慢病毒感染。有些病毒可以長期存活於動物機體內，感染的動物有的持續有症狀，有的間斷出現症狀，有的不出現症狀，這稱為病毒的持續性感染。疱疹病毒、副黏病毒和反轉錄病毒科病毒，常誘發持續性感染。

慢病毒感染是指某些病毒或類病毒感染後呈慢性經過，潛伏期長達幾年至數十年，臨診上早期多沒有症狀，後期出現症狀後多以死亡結束，如牛海綿狀腦病等。

以上感染的各種類型都是人為劃分的，因此都是相對的，它們之間往往會出現交叉、重疊和相互轉化。

二、動物疫病發生的條件

動物疫病的發生需要一定的條件，其中病原體是引起傳染過程發生的首要條件，動物的易感性和環境因素也是疫病發生的必要條件。

1. 病原體的毒力、數量與侵入門戶　毒力是病原體致病能力強弱的反映，人們常把病原體分為強毒株、中等毒力株、弱毒株、無毒株等。病原體的毒力不同，與機體相互作用的結果也不同。病原體須有較強的毒力才能突破機體的防禦屏障引起傳染，導致疫病的發生。

病原體引起感染，除必須有一定毒力外，還必須有足夠的數量。一般來說病原體毒力越強，引起感染所需數量就越少；反之需要數量就越高。

具有較強的毒力和足夠數量的病原體，還需經適宜的途徑侵入易感動物體內，才可引發傳染。有些病原體只有經過特定的侵入門戶，並在特定部位定居繁殖，才能造成感染。例如，傷寒沙門氏菌須經口進入機體，破傷風梭菌侵入深部創傷才有可能引起破傷風，日本腦炎病毒以蚊子為媒介叮咬皮膚後經血流才能傳染。但也有些病原體的侵入途徑是多種的，例如炭疽桿菌、布魯氏菌可以透過皮膚和消化道、生殖道黏膜等多種途徑侵入宿主。

2. 易感動物　對病原體具有感受性的動物稱為易感動物。動物對病原體的感受性是動物「種」的特性，因此動物的種屬特性決定了牠對某種病原體的傳染具有天然的免疫力或感受性。動物的種類不同對病原體的感受性也不同，如豬是豬瘟病毒的易感動物，而牛、羊則是非易感動物；人、草食動物對炭疽桿菌易感，而雞不易感。同種動物對病原體的感受性也有差異，如肉雞對馬立克病毒的易感性大於蛋雞。

另外，動物的易感性還受年齡、性別、營養狀況等因素的影響，其中以年齡因素影響較大。例如，雛鵝易感染小鵝瘟病毒，成鵝感染但不發病；豬霍亂沙門氏菌容易感染1～4月齡的豬。

3. 外界環境因素　外界環境因素包括氣候、溫度、濕度、地理環境、生物因素（如傳染媒介、儲存宿主）、飼養管理及使役情況等，它們對於傳染的發生是不可忽視的條件，是傳染發生相當重要的誘因。環境因素改變時，一方面可以影響病原體的生長、繁殖和傳染；另一方面可使動物機體抵抗力、易感性發生變化。如夏季氣溫高，病原體易於生長繁殖，因此易發生消化道傳染病；而寒冷的冬季能降低易感動物呼吸道黏膜抵抗力，易發生呼吸道傳染病。另外，在某些特定環境條件下，存在著一些疫病的傳染媒介，影響疫病的發生和傳染。如日本腦炎、藍舌病等疫病以昆蟲為媒介，故在昆蟲繁殖的夏季和秋季容易發生和傳染。

三、動物疫病的發展階段

為了更好地理解動物疫病的發生、發展規律，人們將疫病的發展分為四個階段，雖然各階段有一定的劃分依據，但有的界線不是非常嚴格。

1. 潛伏期　從病原體侵入機體開始繁殖，到動物出現最初症狀為止的一段時間稱為潛伏期。

不同疫病的潛伏期不同，就是同一種疫病也不一定相同。潛伏期一般與病原體的毒力、數量、侵入途徑和動物機體的易感性有關，但一般來說，還是相對穩定的，如豬瘟的潛伏期為2～20d，多數為5～8d。整體來說，急性疫病的潛伏期比較一致，慢性疫病的潛伏期差異較大，較難把握。同一種疫病的潛伏期短時，疫病經過往往比較嚴重；潛伏期長時，則表現較為緩和。動物處於潛伏期時沒有臨診表現，難以被發現，對健康動物威脅大。因此，了解疫病的潛伏期對於預防和控制疫病也有極其重要

的意義。

2. 前驅期 是指動物從出現最初症狀到出現特徵性症狀的一段時間。這段時間一般較短，僅表現疾病的一般症狀，如食慾下降、發燒等，此時進行疫病確診是非常困難的。

3. 急性期 是疫病特徵性症狀的表現時期，是疫病診斷最容易的時期。這一階段患病動物排出體外的病原體最多、傳染性最強。

4. 恢復期 是指急性期進一步發展到動物死亡或恢復健康的一段時間。如果動物機體不能控制或殺滅病原體，則以動物死亡為轉歸；如果動物機體的抵抗力得到加強，病原體得到有效控制或殺滅，症狀就會逐步緩解，病理變化慢慢恢復，生理機能逐步正常。在病癒後一段時間內，動物體內的病原體不一定馬上消失，會出現帶毒（菌、蟲）現象，各種病原體的保留時間不相同。

任務二　動物疫病流行過程的調查

動物疫病的流行過程（簡稱流行）是指疫病在動物群體中發生、發展和終止的過程，也就是從動物個體發病到群體發病的過程。

動物疫病的流行必須同時具備三個基本環節，即傳染源、傳染途徑和易感動物群。這三個環節同時存在並互相連繫時，就會導致疫病的流行，如果其中任何環節受到控制，疫病的流行就會終止。所以在預防和撲滅動物疫病時，都要緊緊圍繞三個基本環節來開展工作。

一、流行過程的三個基本環節

(一) 傳染源

傳染源是指某種疫病的病原體能夠在其中定居、生長、繁殖，並能夠將病原體排出體外的動物機體。包括患病動物和病原帶原者。

1. 患病動物 患病動物是最重要的傳染源。動物在急性期和前驅期能排出大量毒力強的病原體，傳染的可能性也就大。

患病動物能排出病原體的整個時期稱為傳染期。不同動物疫病的傳染期不同，為控制傳染源隔離患病動物時，應隔離至傳染期結束。

2. 病原帶原者 是指外表無症狀但攜帶並排出病原體的動物體。由於很難發現，平時常常和健康動物生活在一起，所以對其他動物影響較大，是更危險的傳染源。主要有以下幾類。

（1）潛伏期病原帶原者。大多數傳染病在潛伏期不排出病原體，少數疫病（狂犬病、口蹄疫、豬瘟等）在潛伏期的後期能排出病原體，傳染疫病。

（2）恢復期病原帶原者。是指病症消失後仍然排出病原體的動物。部分疫病（布魯氏菌病、豬瘟、雛白痢、豬弓形蟲病等）的感染者在康復後仍能長期排出病原體。對於這類病原帶原者，應進行反覆的實驗室檢查才能查明。

（3）健康病原帶原者。是指動物本身沒有患過某種疫病，但體內存在且能排出病原體。一般認為這是隱性感染的結果，如巴氏桿菌病、沙門氏菌病、豬丹毒等疫病的健康病原帶原者是重要的傳染源。

動物防疫與檢疫技術

病原帶原者存在間歇排毒現象，只有反覆多次檢查均為陰性時，才能排除病原攜帶狀態。

被病原體汙染的各種外界環境因素，不適於病原體長期的寄居、生長繁殖，也不能排出。因此不能認為是傳染源，而應稱為傳染媒介。

（二）傳染途徑

病原體從傳染源排出後，透過一定的途徑侵入其他動物體內的方式稱為傳染途徑。掌握疫病傳染途徑的重要性在於人們能有效地將其切斷，保護易感動物的安全。傳染途徑可分為水平傳染和垂直傳染兩大類。

1. 水平傳染 是指疫病在群體之間或個體之間以水平形式橫向平行傳染，可分為直接接觸傳染和間接接觸傳染。

（1）直接接觸傳染。指在沒有任何外界因素的參與下，病原體透過傳染源與易感動物直接接觸（交配、舐、咬等）而引起疫病傳染的方式。最具代表性的是狂犬病，大多數患者是被狂犬病患病動物咬傷而感染的。其流行特點是一個接一個地發生，形成明顯的鏈鎖狀，一般不會造成大面積流行。以直接接觸傳染為主要傳染方式的疫病較少。

（2）間接接觸傳染。指在外界因素的參與下，病原體透過傳染媒介使易感動物發生傳染的方式。大多數疫病（口蹄疫、豬瘟、雞新城病等）以間接接觸傳染為主要傳染方式，同時也可直接接觸傳染。兩種方式都能傳染的疫病稱為接觸性疫病。間接接觸傳染一般透過以下幾種途徑傳染。

①經汙染的飼料和飲水傳染。這是主要的一種傳染方式。傳染源的分泌物、排泄物等汙染了飼料、飲水而傳給易感動物，如以消化道為主要侵入門戶的豬瘟、口蹄疫、結核病、炭疽、犬細小病毒病、球蟲病等，其傳染媒介主要是汙染的飼料和飲水。因此，在防疫中要特別注意做好飼料和飲水的衛生消毒工作。

②經汙染的空氣（飛沫、塵埃）傳染。空氣並不適合於病原體的生存，但病原體可以短時間內存留在空氣中。病原體主要依附於空氣中的飛沫和塵埃，並透過其進行傳染。幾乎所有的呼吸道傳染病都主要透過飛沫進行傳染，如流行性感冒、結核病、雞傳染性支氣管炎、豬氣喘病等。一般冬春季節、動物密度大、通風不良的環境，有利於透過空氣進行傳染。

③經汙染的土壤傳染。炭疽、破傷風、豬丹毒等疫病的病原體對外界抵抗力強，隨傳染源的分泌物、排泄物和屍體等一起落入土壤後能生存很久，可以感染其他易感動物。

④經活的媒介物傳染。主要是非本種動物和人類。

節肢動物：主要有蚊、蠅、蟎、虻類和蜱等。傳染主要是機械性的，透過在患病動物和健康動物之間的刺螫、吸血而傳染病原體。可以傳染馬傳染性貧血、日本腦炎、炭疽、雞住血原蟲白冠病、梨形蟲病等。

野生動物：野生動物的傳染可分為兩類。一類是本身對病原體具有易感性，在感染後再傳給其他易感動物，如飛鳥傳染禽流感、狼、狐傳染狂犬病等；另一類是本身對病原體並不具有感受性，但能機械性傳染病微生物，如鼠類傳染豬瘟和口蹄疫等。

人：部分飼養員和獸醫工作人員缺乏防疫意識，也可以成為疫病的傳染者。

第一章　動物疫情調查與評估

⑤經體溫計、注射針頭等用具傳染。體溫計、注射針頭、手術器械等，用後消毒不嚴，可能成為馬傳染性貧血、炭疽、豬瘟、豬附紅血球體病、口蹄疫和新城病等疫病的傳染媒介。

2. 垂直傳染　一般是指疫病從母體到子代兩代之間的傳染，包括以下幾種方式。

（1）經胎盤傳染。受感染的動物能透過胎盤血液循環將病原體傳給胎兒，如豬瘟、假性狂犬病、豬環狀病毒感染症、布魯氏菌病等。

（2）經卵傳染。由帶有病原體的卵細胞發育而使胚胎感染，如雛白痢、雞傳染性貧血、禽白血病等。

（3）經產道傳染。病原體透過子宮口到達絨毛膜或胎盤引起的傳染，如大腸桿菌病、葡萄球菌病、鏈球菌病、疱疹病毒感染等。

（三）易感動物群

易感動物群是指一定數量的有易感性的動物群體。動物易感性的高低雖與病原體的種類和毒力強弱有關，但主要還是由動物的遺傳性狀和特異性免疫狀態決定的。另外，外界環境也能影響動物機體的感受性。易感動物群體數量與疫病發生的可能性成正比，群體數量越大，疫病造成的影響越大。影響動物易感性的因素主要有以下幾方面。

1. 動物群體的內在因素　不同種動物對一種病原體的感受性有較大差異，這是動物的遺傳性決定的。動物的年齡也與抵抗力有一定的關係，一般初生動物和老年動物抵抗力較弱，而青年期動物抵抗力較強，這和動物機體的免疫反應能力高低有關。

2. 動物群體的外界因素　動物生活過程中的一切因素都會影響動物機體的抵抗力。如環境溫度、濕度、光線、有害氣體濃度、日糧成分、餵養方式、運動量等。

3. 特異性免疫狀態　在疫病流行時，一般易感性高的動物個體發病嚴重，感受性較低的動物症狀較緩和。透過攝取母源抗體和接觸抗原獲得特異性免疫，就可提高特異性免疫的能力，如果動物群體中70％～80％的動物具有較高免疫水準，就不會引發大規模的流行。

動物疫病的流行必須有傳染源、傳染途徑和易感動物群三個基本環節同時存在。因此，動物疫病的防控措施必須緊緊圍繞這三個基本環節進行，施行消滅和控制傳染源、切斷傳染途徑及增強易感動物的抵抗力的措施，是疫病防控的根本。

二、疫源地和自然疫源地

1. 疫源地　具有傳染源及其排出的病原體所存在的地區稱為疫源地。疫源地比傳染源含義廣泛，它除包括傳染源之外，還包括被汙染的物體、房舍、牧地、活動場所，以及這個範圍內的可疑動物群。防疫方面，對於傳染源採取的措施包括隔離、撲殺或治療，對疫源地還包括環境消毒等。

疫源地的範圍大小一般根據傳染源的分布和病原體的汙染範圍的具體情況確定。它可能是個別動物的生活場所，也可能是一個社區或村莊。人們通常將範圍較小的疫源地或單個傳染源構成的疫源地稱為疫點，而將較大範圍的疫源地稱為疫區。疫區劃分時應注意考慮當地的飼養環境、天然屏障（如河流、山脈）和交通等因素。通常疫點和疫區並沒有嚴格的界線，而應從防疫工作的實際出發，切實做好疫病的防控工作。

疫源地的存在具有一定的時間性，時間的長短由多方面因素決定。一般而言，只

9

動物防疫與檢疫技術

有當所有的傳染源死亡或離開疫區，康復動物體內不帶有病原體，經過一個最長潛伏期沒有出現新的病例，並對疫源地進行徹底消毒，才能認為該疫源地被消滅。

2. 自然疫源地 有些疫病的病原體在自然情況下，即使沒有人類或家畜的參與，也可以透過傳染媒介感染動物造成流行，並長期在自然界循環延續後代，這些疫病稱為自然疫源性疾病。存在自然疫源性疾病的地區，稱為自然疫源地。自然疫源性疾病具有明顯的地區性和季節性，並受人類活動改變生態系統的影響。自然疫源性疾病很多，如狂犬病、假性狂犬病、口蹄疫、日本腦炎、鸚鵡熱、兔熱病、布魯氏菌病等。

在日常的動物疫病防控工作中，一定要切實做好疫源地的管理工作，防止其範圍內的傳染源或其排出的病原體擴散，引發疫病的蔓延。

三、流行過程的特徵

（一）疫病流行過程的表現形式

在動物疫病的流行過程中，根據在一定時間內發病動物的多少和波及範圍的大小，大致分為以下四種表現形式。

1. 散發 是指在一段較長的時間內，一個區域的動物群體中僅出現零星的病例，且無規律性隨機發生。形成散發的主要原因包括：動物群體對某病的免疫水準較高，僅極少數沒有免疫或免疫水準不高的動物發病，如豬瘟；某病的隱性感染比例較大，如日本腦炎；有些疫病的傳染條件非常苛刻，如破傷風。

2. 地方流行性 在一定的地區和動物群體中，發病動物數量較多，常侷限於一個較小的範圍內流行。它一方面表明了本地區內某病的發生頻率，另一方面說明此類疫病帶有侷限性傳染特徵，如炭疽、豬丹毒等。

3. 流行性 是指在一定時間內一定動物群發生率較高，發病數量較多，波及的範圍也較廣。流行性疫病往往傳染速度快，如果採取的防控措施不力，可很快波及很大的範圍。

爆發是指在一定的地區和動物群體中，短時間內（該病的最長潛伏期內）突然出現很多病例。

4. 大流行 是指傳染範圍廣，常波及整個國家或幾個國家，發生率高的流行過程。如流感和口蹄疫都曾出現過大流行。

（二）動物疫病流行的季節性和週期性

1. 季節性 某些動物疫病常發生於一定的季節，或在一定的季節出現發生率顯著上升，這稱為動物疫病的季節性。造成季節性的原因較多，主要有以下幾方面。

（1）季節對病原體的影響。病原體在外界環境中存在時，受季節因素的影響。如口蹄疫病毒在夏天陽光曝晒下很快失活，因而口蹄疫在夏季較少流行。

（2）季節對活的媒介物的影響。如雞住血原蟲白冠病、日本腦炎主要透過蚊子傳染，所以這些疫病主要發生在蚊蟲活躍季節。

（3）季節對動物抵抗力的影響。不同季節的氣溫及其給飼料帶來的影響，對動物的抵抗力也會產生一定的影響。如冬季動物呼吸道抵抗力差，呼吸系統疫病較易發生；夏季由於飼料的原因導致消化系統疫病發生較多。

了解動物疫病的季節性，對人們防控疫病具有十分重要的意義，它可以幫助我們提前做好此類疫病的預防。

第一章 動物疫情調查與評估

2. 週期性 某些動物疫病在一次流行之後，常常間隔一段時間（常以數年計）後再次發生流行，這種現象稱為動物疫病的週期性。這種動物疫病一般具有以下特點：易感動物飼養週期長；不進行免疫接種或免疫密度很低；動物耐過免疫保護時間較長；發生率高等。如口蹄疫和牛流行熱等易發生週期性流行。

四、影響流行過程的因素

動物疫病的發生和流行主要取決於傳染源、傳染途徑和易感動物群三個基本環節，而這三個環節往往受到很多因素的影響，歸納起來主要是自然因素和社會因素兩大方面。如果我們能夠合理利用這些因素，就能防止疫病的發生。

1. 自然因素 對動物疫病的流行起影響作用的自然因素主要有氣候、氣溫、濕度、光照、雨量、地形、地理環境等，它們對疫病的流行都起到大小不一的作用。江、河、湖等水域是天然的隔離帶，對傳染源的移動進行限制，形成了一道堅固的屏障。對於生物傳染媒介而言，自然因素的影響更加重要，因為媒介者本身也受到環境的影響。同時，自然因素也會影響動物的抗病能力，而動物抗病力的降低或者易感性的增加，都會增加疫病流行的機會。所以在動物養殖過程中，一定要根據天氣、季節等各種因素的變化，切實做好飼養管理工作，以防動物疫病的發生和流行。

2. 社會因素 影響動物疫病流行的社會因素包括社會制度、生產力、經濟、文化、科學技術水準等多種因素，其中重要的是動物防疫法規是否健全和得到充分執行。各地有關動物飼養的規定正不斷完善，動物疫病的預防工作正得到不斷加強，這與國家的政策保障，各地政府及職能部門的重視是分不開的。

五、流行病學調查的方法

流行病學調查的目的是研究動物疫病在動物群中發生、發展和分布的規律，制定並評價防控措施，達到預防和消滅疫病的目的。

1. 詢問調查 是流行病學調查中最常用的方法。透過詢問座談，對動物的飼養者、主人、動物醫生以及其他相關人員進行調查，查明傳染源、傳染方式及傳染媒介等。

2. 現場調查 重點調查疫區的獸醫衛生狀況、地理地形、氣候條件等，同時疫區的動物存在狀況、動物的飼養管理情況等也應重點觀察。在現場觀察時應根據疫病的不同，選擇觀察的重點。如發生消化道傳染病時，應特別注意動物的飼料來源和品質，水源衛生情況，糞便處理情況等；發生節肢動物傳染的傳染病時，應注意調查當地節肢動物的種類、分布、生態習性和感染情況等。

3. 實驗室檢查 為了在調查中進一步落實致病因子，常常對疫區的各類動物進行實驗室檢查。檢查的內容常有病原檢查、抗體檢查、毒物檢查、寄生蟲及蟲卵檢查等。另外，也可檢查動物的排泄物、嘔吐物、動物的飼料、飲水等。

六、流行病學的統計分析

將流行病學調查所取得的材料，去偽存真，綜合分析，找到動物疫病流行過程的規律，可為人們找到有效的防控措施提供重要的幫助。

流行病學統計分析中常用的指標有以下幾個。

動物防疫與檢疫技術

1. 發生率 是指一定時期內動物群體中發生某病新病例的百分比。發生率能全面反映傳染病的流行速度，但往往不能說明整個過程，有時常有動物呈隱性感染。

$$發生率 = \frac{一定時期內某動物群中某病的新病例數}{同期內該群動物的平均數} \times 100\%$$

2. 感染率 是指用臨診檢查方法和各種實驗室檢查法（微生物學、血清學等）檢查出的所有感染某種疫病的動物總數占被檢查動物總數的百分比。統計感染率可以比較深入地提示流行過程的基本情況，特別是在發生慢性動物疫病時有非常重要的意義。

$$感染率 = \frac{感染某疫病的動物總數}{被檢查的動物總數} \times 100\%$$

3. 盛行率 是指在某一指定時間動物群中存在某病的病例數的比例，病例數包括該時間內新老病例，但不包括此時間前已死亡和痊癒者。

$$盛行率 = \frac{在某一指定時間動物群中存在的病例數}{在同一指定時間該群動物總數} \times 100\%$$

4. 死亡率 是指因病死亡的動物數占該群動物總數的百分比。它能較好地表示該病在動物群體中發生的頻率，但不能說明動物疫病的發展特性。

$$死亡率 = \frac{某動物群在一定時期內因某病死亡數}{同期內該群動物平均數} \times 100\%$$

5. 致死率 是指因某病死亡的動物數占該群動物中患該病動物數的百分比。它反映動物疫病在臨診上的嚴重程度。

$$致死率 = \frac{某時期內因某病死亡動物數}{同期內患該病動物數} \times 100\%$$

操作與體驗

技能　畜禽養殖場疫情調查方案的制定

（一）技能目標
（1）透過實訓，明確疫情調查的內容，了解動物疫病的流行規律。
（2）學會疫情調查方法，並能進行疫情調查資料分析。
（二）材料設備
動物疫情調查表、消毒服、膠靴、口罩、養殖戶動物疫情資料、交通工具。
（三）方法步驟
1. 確定調查內容與項目 疫病的發生，往往與多種因素有關，在進行動物疫情調查時，應盡量將可能影響動物發病的各種因素考慮進來。

（1）被調查養殖場的基本情況。包括該場的名稱、地址、地理地形特點、氣象資料、飼養動物的種類、數量、用途、飼養方式等。

（2）飼養場衛生特徵。飼養場及其鄰近地區的衛生狀況、飼料來源、品質、調配及保藏情況、飼餵方法、放牧場地和水源衛生狀況、周圍及圈舍內昆蟲、嚙齒動物活動情況、糞便、汙水處理方法、消毒及免疫接種情況、動物流通情況、病死動物的處理方法等。

第一章 動物疫情調查與評估

（3）疫病發生與流行情況。首例病例發生時間，發病及死亡動物的種類、數量、性別、年齡，臨診主要表現，疫病經過的特徵，採用的診斷方法及結果，動物疫病的流行強度，所採取的措施及效果等。

（4）疫區既往發病情況。曾發生過何種疫病及發生時間，流行概況，所採取的措施，疫病間隔期限，是否呈週期性等。

2. 設計調查表　根據所調查地區或養殖場具體情況，確定調查項目，並依據所要調查的內容自行設計疫情調查表（表1-1）。

表1-1　養殖場動物疫情調查表

養殖場名稱			啟用時間			負責人	
聯絡地址			郵　　編			聯絡電話	
養殖場基本情況		1. 地理特點：□山地　□平原　□河谷　□盆地　□其他_____ 2. 近期氣候是否異常：□否　□是 3. 交通情況：距交通幹線_____km；距住宅區_____km 4. 場區面積_____；圈舍棟數_____；每棟圈舍面積_____ 5. 周邊有無河流、湖泊：□無　□有_____ 　　附近有無養殖場汙水排出：□無　□有_____ 6. 周圍有無野生動物（野獸、野鳥）：□無　□有_____ 7. 隔離野鳥、防鼠、防蟲等設施設備：□無　□有_____ 8. 畜禽群構成：□種畜禽　□商品畜禽（□肉用　□蛋用　□乳用　□皮毛用）　□混合 9. 飼養量：發病前存欄數_____頭/隻；年出欄數_____頭/隻 10. 飼養方式：□全進全出　□連續飼養 11. 防疫設施：□進場洗澡更衣　□進生產區換膠靴　□場舍門口消毒設施　□畜禽場糞便汙水處理　□動物屍體無害化處理　□供料與出糞道分離 12. 畜禽場衛生狀況：□好　□一般　□差 13. 飼料：□全價飼料　□配合飼料　□其他_____ 14. 飼養員居住情況：□住場　□不住場（□家中飼養畜禽　□家中沒有飼養畜禽）					
發病情況	動物種類		發病年齡		發病時間		死亡時間
	臨診表現		發病數：_____頭/隻，幼齡畜禽_____頭/隻，青年畜禽_____頭/隻， 　　　　成年畜禽_____頭/隻，種畜禽_____頭/隻；發生率_____% 死亡數：_____頭/隻，幼齡畜禽_____頭/隻，青年畜禽_____頭/隻， 　　　　成年畜禽_____頭/隻，種畜禽_____頭/隻；死亡率_____% 主要臨診症狀： 主要病理變化：				
發病後防控情況	治療情況		藥物治療情況：				
	緊急接種		□無　□有_____				
	消　毒		消毒時間_____，消毒次數_____，消毒劑_____				
	其他措施						
周邊疫情		□無　□有_____					

（續）

13

免疫情況	免疫程序：
	免疫效果監測：□無 □有
疫病史	過去類似疫情：□無 □有；發生時間＿＿＿＿＿＿ 診斷單位＿＿＿＿＿＿ 診斷結論＿＿＿＿＿＿ 發病情況＿＿＿＿＿＿
水源情況	飲用水：□自來水 □自備井水 □河水 □池塘水 □水庫水 □其他＿＿＿＿ 沖洗水：□自來水 □自備井水 □河水 □池塘水 □水庫水 □其他＿＿＿＿
畜禽來源	種畜禽來源：＿＿＿＿＿＿ 禽苗/仔畜來源：＿＿＿＿＿＿
最近30d購入畜禽情況	來源：□種畜禽場 □交易市場 □畜禽商販 □其他＿＿＿＿＿＿ 購進時間＿＿＿＿＿＿；購進數量＿＿＿＿＿＿；購進地名＿＿＿＿＿＿ 進場前是否檢疫 □無 □有；有無異常：□無 □有＿＿＿＿＿＿ 混群前是否隔離：□否 □是
最近購進飼料情況	來源：□飼料廠 □交易市場 □飼料經銷商 □其他＿＿＿＿＿＿ 購進時間＿＿＿＿＿＿；購進數量＿＿＿＿＿＿；購進地名＿＿＿＿＿＿ 用相同飼料的其他養殖場是否有同樣疫情：□無 □有
發病前30d場外有關業務人員入場情況	姓名	職業	入場日期	來自何地	是否疫區
初診結論	
採樣送樣情況	血清：＿＿＿份；抗凝血：＿＿＿份；其他液體樣品（＿＿＿＿）：＿＿＿份 拭子（□口咽 □鼻 □肛 □腸 □其他＿＿＿）：＿＿＿份；死胎：＿＿＿份 臟器（□心 □肝 □脾 □腎 □淋巴結 □肺 □腦 □其他＿＿＿）：＿＿＿份
結論	
防控措施	
被調查人情況	姓名	學歷	工作年限	職務及崗位	連繫電話
調查人員情況	組長：＿＿＿＿＿＿；連繫電話：＿＿＿＿＿＿ 組員：＿＿＿＿＿＿；連繫電話：＿＿＿＿＿＿ 組員：＿＿＿＿＿＿；連繫電話：＿＿＿＿＿＿

3. **調查方法** 可採取直接詢問、現場調查、實驗室檢查和查閱資料等方法。

4. **資料分析** 將調查資料進行統計分析，以明確被調查養殖場疫病流行的類型、特點、發生原因，疫病傳染來源和途徑等，並提出具體防控措施。

第一章　動物疫情調查與評估

（四）考核標準（以 100 分制計算）

序號	考核內容	考核要點	分值	評分標準
1	確定調查內容與項目（30 分）	調查養殖場的基本情況	5	全面、準確
		飼養場衛生特徵	10	全面、準確
		疫病發生與流行情況	10	全面、準確
		疫區既往發病情況	5	全面、準確
2	設計調查表（20 分）	內容項目	15	全面、準確
		表格結構	5	合理、清晰
3	調查方法（20 分）	查閱資料	5	透過網路、圖書館查閱所需資料
		直接詢問	8	與人溝通自然、順暢
		現場調查	7	內容準確
4	資料分析（30 分）	明確疫情	10	確定該調查養殖場的疫情
		提出防控措施	10	提出的動物疫病防控措施正確
		合作意識	5	具備團隊合作精神，積極與小組成員配合，共同完成任務
		安全意識	5	正確穿戴消毒服、膠靴、口罩，注重生物安全
	總分		100	

 複習與思考

1. 針對動物疫病發生所需的條件，制定防止疫病發生的基本措施。
2. 針對動物疫病流行過程所需的三個基本環節，制定防控疫病流行的基本措施。
3. 分析動物疫病流行過程中出現季節性的原因，制定防止疫病季節性流行的基本措施。
4. 某養豬場發生疫情，需要進行疫情調查。請你確定調查項目，並依據所要調查的內容設計疫情調查表。

《動物防疫與檢疫技術》

第二章

動物疫病監測與診斷

 章節指南

本章的應用：動物疫病預防控制中心人員按照國家動物疫病監測計劃，完成監測任務；防疫員、養殖場獸醫人員進行樣品採集；門診獸醫對動物進行臨診檢查、樣品採集和實驗室檢查；規模化養殖場透過疫病監測，評估疫病防控措施。

完成本章所需知識點：臨診檢查的方法；病理學檢查的方法；動物疫病檢測樣品採集的方法；病原學檢測的方法；免疫學檢測的方法。

完成本章所需技能點：動物臨診檢查；病死畜禽的病理學檢查；動物血液樣品的採集、保存和運送；禽流感、口蹄疫、豬瘟等重大疫病檢測樣品的採集；重大疫病的病原學和免疫學檢測。

 認知與解讀

疫病監測是指透過系統、完整、連續和規則地觀察疫病在一地或多地的分布動態，調查其影響因子，以便及時採取正確的防控措施。透過疫病監測，全面掌握和分析動物疫病病原分布和流行規律，對評估重大動物疫病免疫效果，及時掌握疫情動態，消除疫情隱患，發布預警預報，科學開展防控工作等具有重要意義。

一、動物疫病監測的意義

1. 掌握疫情動態、發布預警預報 透過動物疫病監測，掌握動物疫病的分布特徵和發展趨勢，有助於動物疫病防控規劃的制定。特別是對於外來疫病的監測，能及時發現並採取預警措施。

2. 掌握疫病流行規律 透過動物疫病監測，掌握動物群體特徵和影響疫病流行的因素，確定傳染源、傳染途徑和傳染範圍，從而預測疫病的危害程度並制定合理的防控措施。

3. 評價防控措施實施效果 動物疫病監測是評價疫病防控措施實施效果、制定科學免疫程序的重要依據。

4. 科學開展疫病防控工作 動物疫病監測是國家調整動物疫病防控策略、計劃

第二章　動物疫病監測與診斷

和制定動物疫病根除方案的基礎。只有透過長期、連續、可靠的監測，才能及時準確地掌握動物疫病的發生狀況和流行趨勢，才能有效地實施國家動物疫病控制、根除計劃，才能為建立動物傳染病非疫區提供有力的數據支持。

5. 儘早發現疫病，及時撲滅疫情　疫病的常規監測有助於隨時掌握疫情動態，做到早發現、早預防、早控制、早撲滅。

6. 提高動物產品的品質　動物疫病監測也能對動物養殖全過程進行全方位監控，以提高動物產品的品質，促進對外貿易，增強國際競爭力。

二、動物疫病監測的原則

1. 常規監測與應急監測相結合　各地動物疫病預防控制中心要按照國家動物疫病監測計劃，完成常規監測任務；對突發重大動物疫病和新發疫病，要及時開展應急監測。

2. 定點監測與全面監測相結合　各地動物疫病預防控制中心根據本轄區疫病流行特點，在轄區內設立固定監測點，實行定時定點持續監測。在春秋兩季集中免疫後，進行全面集中監測工作。

3. 抗體監測與病原監測相結合　透過免疫抗體水準監測，及時評估重大動物疫病免疫效果；透過開展病原學監測，及時掌握動物疫情動態和病原分布情況。

任務一　動物臨診檢查

臨診檢查就是利用人的感覺器官或藉助最簡單的器械（體溫計、聽診器等）直接對發病動物進行檢查，包括問診、視診、觸診、聽診、叩診，有時也包括血、糞、尿的常規檢查和X光透視及攝影、超音波檢查和心電圖描記等。

有些動物疫病具有特徵性症狀，如狂犬病、破傷風等，經過仔細的臨診檢查，即可作出診斷。但是臨診檢查具有一定的侷限性，對於發病初期未表現出特徵性症狀、非典型感染和臨診症狀有許多相似之處的動物疫病，就難以診斷。因此多數情況下，臨診檢查只能提出可疑疫病的範圍，必須結合其他診斷方法才能確診。

一、視診

（一）檢查精神狀態

主要觀察動物的神態，根據動物面部表情、眼、耳的活動及其對外界刺激的各種反應、舉動而判定。

1. 正常狀態　表現為兩眼有神，反應敏捷，動作靈活，行為正常。

2. 病理狀態　可表現為精神抑制或精神興奮。

（1）精神抑制。輕的表現為沉鬱，呆立不動，反應遲鈍；重的表現為昏睡，只對強烈刺激才產生反應，甚至昏迷，倒地躺臥，意識喪失，對強烈刺激也無反應。見於各種熱性病或侵害神經系統的疾病。

（2）精神興奮。輕度興奮的動物表現為驚恐不安，呼吸和心率加快，對輕微的外界刺激產生強烈反應，如刨地掙韁，煩躁不安，嚎叫反抗等，多見於腦膜炎等。重度

興奮的動物表現狂躁不馴，亂衝亂撞，甚至攻擊人畜，多見於侵害中樞神經系統的疫病（如狂犬病、李氏桿菌病等）。

（二）檢查營養狀況

主要根據肌肉的豐滿度、皮下脂肪的蓄積量及被毛的狀態和光澤判斷營養狀況。

1. 營養良好的動物 表現為肌肉豐滿，皮下脂肪豐富，輪廓豐圓，骨突不顯露，被毛有光澤，皮膚富有彈性。

2. 營養不良的動物 表現為消瘦，骨突明顯，被毛粗亂無光澤，皮膚缺乏彈性。多見於慢性消耗性疫病（如結核病、片形吸蟲病等）。

（三）檢查姿勢與步態

1. 健康狀態 健康動物姿勢自然，動作靈活而協調，步態穩健。馬多站立，常交換歇其後蹄，偶爾臥下，但聽到吆喝聲時會站起；牛站立時常低頭，採食後喜歡四肢集於腹下而臥，起立時先起後肢，動作緩慢；羊、豬於採食後喜歡躺臥，生人接近時迅速起立，逃避。犬、貓主要有站立、蹲、臥三種姿勢，正常時姿勢自然、動作靈活而協調，生人接近時迅速起立。

2. 病理狀態 病理狀態是由中樞神經系統機能失常、骨骼、肌肉或內臟器官病痛及外周神經麻痺等原因引起。例如，破傷風患病動物呈全身僵直，馬立克病病雞呈「劈腿」姿勢，新城病病雞頭頸扭轉，中樞神經系統疾病或中毒病表現四肢運步不協調、蹣跚、踉蹌等。

（四）檢查被毛和皮膚

1. 鼻盤、鼻鏡及雞冠的檢查

（1）健康動物。健康牛、豬的鼻鏡、鼻盤濕潤，並附有少許小而密集的水珠，觸之涼感。雞冠和肉髯的顏色為鮮紅色，觸之溫感。

（2）患病動物。牛鼻鏡乾燥甚至龜裂，多見於熱性疾病等。雞冠和肉髯呈藍紫色，可見於高致病性禽流感、新城病等；顏色蒼白，可見於雛白痢、雞住血原蟲白冠病；出現痘疹，多為雞痘。

2. 被毛的檢查

（1）健康動物。健康動物的被毛整潔、平順而富有光澤、生長牢固，動物多於每年春秋兩季適時脫換新毛，而家禽多於每年秋末換羽。

（2）患病動物。被毛蓬鬆粗亂、失去光澤、易脫落或換毛季節延後，多是營養不良或慢性消耗性疾病的表現。局部被毛脫落，多見於濕疹、毛癬、疥蟎等病。

檢查被毛時，還要注意被毛的汙染情況，尤其注意汙染的部位。當患病動物腹瀉時，肛門附近、尾部及後肢等可被糞便汙染。

3. 皮膚的檢查

（1）健康動物。皮膚顏色正常，無腫脹、潰爛、出血等。

（2）患病動物。患病動物的皮膚出現顏色改變、出血、腫脹、疱疹等。例如，豬瘟病豬的四肢、腹部等部位皮膚有指壓不褪色的小點狀出血；亞急性豬丹毒病豬在胸、背側等處呈現方形、菱形疹塊；口蹄疫患病動物在唇、蹄等處形成水泡或潰瘍。

（五）檢查呼吸和反芻

主要檢查呼吸運動（呼吸頻率、節律、強度和呼吸方式），看有無呼吸困難，同時檢查反芻情況。

第二章 動物疫病監測與診斷

1. 健康動物 呼吸均勻、深長。健康反芻動物，一般於採食後經 0.5～1h 即開始反芻，每次反芻持續時間在 0.25～1h，每晝夜進行反芻 4～8 次；每次返回的食團再咀嚼 40～60 次；牛反芻時多喜伏臥。

2. 患病動物 呼吸急促、喘息，呈腹式呼吸等表現。患病反芻動物，反芻的間隔時間延長，次數減少，每次反芻的時間縮短，嚴重者反芻停止。見於高熱性疾病、中毒性疾病等。

（六）檢查可視黏膜

主要檢查眼結膜、口腔黏膜和鼻黏膜顏色，同時檢查黏膜有無充血、出血、潰爛及天然孔有無分泌物等。

1. 健康動物 馬的黏膜呈淡紅色；牛的黏膜的顏色較馬的稍淡，呈淡粉紅色（水牛的較深）；豬、羊黏膜顏色較馬的稍深，呈粉紅色；犬的黏膜為淡紅色。

2. 患病動物 黏膜的病理變化可反映全身的病變情況。黏膜蒼白見於各型貧血和慢性消耗性疫病，如馬傳染性貧血；黏膜潮紅，表示毛細血管充血，除局部炎症外，多為全身性血液循環障礙的表現；瀰漫性潮紅見於各種熱性病和廣泛性炎症；樹枝狀充血見於心機能不全的疫病等；黏膜發紺見於呼吸系統和循環系統障礙；黃染是血液中膽紅素含量增高所致，見於肝病、膽道阻塞及溶血性疾病；黏膜出血，見於有出血性素質的疫病，如馬傳染性貧血、梨形蟲病等；口腔黏膜有水泡或爛斑，可提示口蹄疫或豬水泡病；馬鼻黏膜的冰花樣斑痕則是馬鼻疽的特徵性病變。

（七）檢查排泄動作及排泄物

注意排泄動作有無困難、糞便顏色、硬度、氣味、性狀等有無異常。

1. 排泄動作

（1）正常狀態。動物排糞時，背部微拱起，後肢稍開張並略前伸。犬排糞採取近似坐下的姿勢。

（2）病理狀態。腹瀉見於各型腸炎，便祕見於熱性病、慢性胃腸卡他或胃腸弛緩，排糞失禁見於薦部脊髓損傷或腦部疾病，裡急後重見於直腸炎。

2. 糞便感官檢查 注意檢查糞便的數量、形狀、顏色、混雜物及臭味等。

（1）正常狀態。正常動物的排糞次數、排糞量和糞便性狀與採食飼料的數量、品質及使役情況有密切關係。馬每日排糞次數為 8～11 次，呈球形，落地後部分碎開；牛每日排糞次數為 10～18 次，質地軟，落地形成疊層狀糞盤；羊糞多呈小的乾球狀；豬糞因飼料的性狀、組成不同而異。

（2）病理狀態。一般腹瀉時糞便量多而稀薄，便祕時糞便少而乾硬。便祕時，糞便色深；腸道出血時，糞便呈紅色或黑色；發生胃腸炎症時，糞便有酸臭味。

二、觸診

觸診是透過人手或器材按觸動物身體產生的感覺來進行疾病診斷的方法。

1. 觸摸耳根、角根、鼻端、四肢末端 檢查體表的溫度和濕度。

2. 觸摸皮膚 檢查皮膚的彈性，檢查有無水腫、氣腫、膿腫、結節等病變。

3. 觸摸體表淋巴結 檢查其大小、形狀、硬度、活動性、敏感性等，必要時可穿刺檢查。

4. 觸摸胸腹部 檢查胸腹部的敏感性。患豬肺疫、牛肺疫的動物，胸部觸診

敏感。

5. 觸摸嗉囊 檢查嗉囊內容物性狀及有無積食、氣體、液體。如雞患新城病時，嗉囊內常充滿酸性氣味的液體食糜。

三、聽診

聽診是用耳直接聽取或藉助聽診器聽取動物體內發出的聲音。

1. 聽叫聲 判別動物的異常聲音，如呻吟、嘶鳴、喘息等。如牛呻吟見於疼痛或病重期，雞患新城病時發出「咯咯」聲。

2. 聽咳嗽聲 判別動物呼吸器官病變。乾咳常見於上呼吸道炎症，如咽喉炎、慢性支氣管炎；濕咳常見於支氣管和肺部炎症，如牛肺疫、豬肺疫、豬肺絲蟲病等。

3. 聽心音、肺音、胃腸音 藉助聽診器聽心音、肺音、胃腸音，以判定心、肺、胃腸有無異常。

四、叩診

叩診是對動物體表的某一部位進行叩擊，根據所產生的音響的性質，來推斷內部病理變化或某些器官的投影輪廓。叩診心、肺、胃、腸、肝區的音響、位置和界線，胸、腹部敏感程度。

五、檢查「三數」

「三數」即體溫、脈搏、呼吸數，是動物生命活動的重要生理常數，其變化可提示許多疫病。

1. 體溫測定 測體溫時應考慮動物的年齡、性別、品種、營養狀況、外界氣候、使役、妊娠等情況，這些都可能引起一定程度的體溫波動，但波動範圍一般為0.5℃，最多不會超過1℃。測定體溫多採用直腸測溫。

體溫升高的程度分為微燒、中燒、高燒和極高燒。微燒是指體溫升高0.5~1℃，見於輕症疫病及局部炎症。中燒是指體溫升高1~2℃，見於亞急性或慢性傳染病，如布魯氏菌病。高燒是指體溫升高2~3℃，見於急性傳染病或廣泛性炎症，如豬瘟、豬肺疫。極高燒是指體溫升高3℃以上，見於嚴重的急性傳染病，如傳染性胸膜肺炎、豬鏈球菌病、炭疽、豬丹毒。體溫升高者，需重複測溫，以排除壓力因素（如運動、曝晒、擁擠引起的體溫升高）。體溫過低則見於大失血、嚴重腦病、中毒病或熱病瀕死期。

2. 脈搏測定 在動物充分休息後測定。脈搏增多見於多數發燒、心臟病及伴心機能不全的其他疾病等；脈搏減少見於顱內壓增高的腦病、有機磷中毒等。

3. 呼吸數測定 宜在安靜狀態下測定。呼吸數增加多見於肺部疾病、高熱性疾病、疼痛性疾病等，呼吸數減少見於顱內壓顯著增高的疾病（如腦炎）、代謝病等。各種動物的正常體溫、脈搏和呼吸數見表2-1。

第二章　動物疫病監測與診斷

表 2-1　各種動物的正常體溫、脈搏和呼吸數

動物種類	體溫（℃）	呼吸數（次/min）	脈搏（次/min）
豬	38.0～39.5	18～30	60～80
馬	37.5～38.5	8～16	26～42
牛	37.5～39.5	10～30	40～80
水牛	36.5～38.5	10～50	30～50
牦牛	37.6～38.5	10～24	33～55
綿羊	38.5～40.5	12～30	70～80
山羊	38.5～40.5	12～30	70～80
駱駝	36.0～38.5	6～15	32～52
犬	37.5～39.0	10～30	70～150
貓	38.5～39.5	10～30	110～130
兔	38.0～39.5	50～60	120～140
雞	40.5～42.0	15～30	140
鴨	41.0～43.0	16～30	120～200
鵝	40.0～41.0	12～20	120～200

六、血、糞、尿常規檢查

1. 血常規檢查　血常規檢查主要包括紅血球計數、血紅素含量測定、白血球計數、中性粒細胞計數、淋巴細胞計數以及血小板計數等。紅血球、白血球和血小板是動物血液的有形成分，其形態和數量的變化，可直接或間接地表明機體某器官功能的變化及疾病的發生、發展。對血液進行常規檢測，可以發現許多全身性疾病的早期跡象，診斷是否貧血，是否有血液系統疾病等。例如，通常傳染性疾病會使白血球的數值和分類發生變化；貧血時血紅素或紅血球的檢驗值會降低；而血小板的減少會導致容易出血或出血後不容易止血。

2. 糞常規檢查　檢查方法除視診中所述的感官檢查外，還包括化學檢查和顯微鏡檢查。化學檢查主要包括糞便酸鹼度、潛血、胰蛋白酶等檢測；顯微鏡檢查主要包括糞便中飼料殘渣、紅血球、白血球、巨噬細胞、上皮細胞等的檢測。透過此項檢查可較直觀地了解消化道有無炎症、潰瘍、出血、寄生蟲感染等情況，間接地判斷消化道、胰腺、肝膽的功能狀況。

3. 尿常規檢查　尿液的檢驗內容包括：尿色、尿量、透明度、密度、黏稠度的檢查，蛋白質、葡萄糖等化學成分的測定，有機沉渣、無機沉渣檢查等。

任務二　病理學檢查

病理解剖學檢查通常選擇病死動物屍體或有典型臨診症狀的患病動物進行解剖檢查。用肉眼或藉助放大鏡、量尺等器械，直接觀察和檢測器官、組織中的病變部位，根據病變部位大小、形態、顏色、質地、分布及切面性狀，結合疫病特徵性的病理變

動物防疫與檢疫技術

化,作出檢查結論。

一、動物屍體剖檢的要求

1. 剖檢前檢查 剖檢前仔細檢查屍體體表特徵（臥位、屍僵情況、腹圍大小）及天然孔有無異常,以排除炭疽等傳染病。若懷疑動物死於炭疽,先採取耳尖血液塗片鏡檢,排除炭疽後方可解剖。

2. 剖檢時間 屍體剖檢應在患病動物死後越早越好,夏季不超過 6h,冬季不超過 24h。屍體放久後,容易腐敗分解,尤其是在夏天,屍體腐敗分解過程更快,這會影響對原有病變的觀察和診斷。

3. 剖檢地點 屍體剖檢一般應在病理剖檢室進行,以便消毒和防止病原擴散。如果條件不允許而在室外剖檢時,應選擇地勢較高、環境較乾燥、遠離水源、道路、房舍和圈舍的地點進行。剖檢前挖一深達 2m 以上的坑,坑底撒生石灰,坑旁鋪墊席,在墊席上進行操作。剖檢完成後,將動物屍體連同墊席及周圍汙染的土層,一起投入坑內,撒生石灰或其他消毒液掩埋,並對周圍環境進行消毒。

4. 剖檢數量 在畜群發生群體死亡時,要剖檢一定數量的病死動物。家禽應至少剖檢 5 隻；大中型動物至少剖檢 3 頭。只有找到共同的特徵性病變,才有診斷意義。

5. 剖檢術式 動物屍體的剖檢,從臥位、剝皮到體內各器官的檢查,按一定的術式和程序進行。牛採取左側臥位；豬、羊等中小動物和家禽取背臥位。

6. 安全防護 做好有關工作人員的安全防護工作並防止環境汙染。在剖檢過程中和結束後,要嚴格消毒。

7. 做好剖檢記錄 剖檢記錄是填寫屍體病理剖檢報告的主要依據,也是進行綜合診斷的原始材料。剖檢記錄必須遵守系統、客觀、準確的原則,對病變的形態、大小、品質、位置、色彩、硬度、性質、切面的結構變化等都要客觀地描述和說明,應盡可能避免採用診斷術語或名詞來代替。整個過程最好透過影像資料保存下來。記錄應在檢查過程中完成,而不是事後補記。

二、外部檢查

對病死動物屍體,在剝皮之前要詳細檢查屍體外部狀態,一是決定能否進行剖檢,二要記錄外部病變,大致區別是普通病還是疫病。

1. 檢查屍體變化 動物死亡後受酶、細菌和外界環境因素的影響,會出現屍僵、屍斑、死後凝血、屍腐等變化。透過檢查,正確辨認屍體變化,避免把某些死後變化誤認為死前的病理變化。

（1）屍僵。動物死後屍體發生僵硬的狀態,稱為屍僵。屍僵是否發生可根據下顎骨的可動性和四肢能否屈伸來判斷。一般死於敗血症和中毒性疾病的動物,屍僵不明顯。

（2）屍斑。即屍體倒臥側皮膚的墜積性瘀血現象,局部皮膚呈青紫色。家畜皮膚厚,且有色素和被毛遮蓋,不易發現,要結合內部檢查判斷。

（3）屍腐。因消化道內微生物繁殖引起屍體腐敗分解並產生氣體所致。常表現屍體腹部膨脹,體表的部分皮膚、內臟（特別是與腸管接觸的器官）呈現灰藍色或綠

色，血液帶有泡沫，屍體散發出惡臭氣味。

2. 檢查皮膚 檢查被毛的光澤度，皮膚的厚度、硬度及彈性，有無脫毛、褥瘡、潰瘍、膿腫、創傷、腫瘤、外寄生蟲等，有無糞泥和其他病理產物的汙染。此外，還要注意檢查有無皮下水腫和氣腫。

3. 檢查天然孔 首先檢查各天然孔的開閉狀態，有無分泌物、排泄物及其性狀、數量、顏色、氣味和濃度；其次檢查可視黏膜，著重檢查黏膜色澤變化。

三、內部檢查

1. 皮下檢查 檢查淺表淋巴結，皮下脂肪的厚度和性狀，肌肉發育狀況和病變。患炭疽時皮下呈出血性膠樣浸潤；患傳染性法氏囊病時，腿肌、胸肌常有條狀、斑點狀出血。

2. 內臟器官的檢查 先檢查腹腔和腹腔器官，再檢查胸腔和胸腔器官。各內臟器官多從屍體上取出後檢查，亦可不取出進行檢查。禽、兔等小動物和仔豬、羔羊等幼齡動物內臟器官常連帶在屍體上進行檢查。

（1）全面檢查。打開腹腔和胸腔之後，首先觀察暴露的腹腔、胸腔器官在動物體內的自然位置是否正常，其表面有無充血、出血、黏連、腫瘤、寄生蟲等。然後由暴露部分開始，由表及裡、由後向前逐一檢查器官外表性狀，檢查胸、腹腔液體的量和性狀，胸、腹壁漿膜性狀。從中發現有病變、病變集中和病變嚴重的器官。

（2）重點檢查。對有病變和病變嚴重的器官要重點檢查，分辨病理變化特點，判定病變性質。病變器官檢查多採用視診、觸診、剖檢的方法，且依次進行。

先看臟器的大小、形態、顏色、表面性狀（表面光滑或粗糙、凹或凸、有乾酪樣物或粉末狀物）。再用手觸摸、按壓檢查臟器質地（軟硬度、彈性、脆性、顆粒狀）。最後，切開臟器檢查切面性狀，看切面組織結構是否清晰，有無寄生蟲、結節、出血及其他病變。

3. 口腔、鼻腔和頸部器官的檢查 首先檢查口腔、舌、扁桃體、咽喉和鼻腔，注意有無創傷、出血、潰瘍、水泡、水腫變化及寄生蟲存在。剪開食管和氣管，主要看食管黏膜和管壁厚度、氣管分泌物的性質（漿液性、黏液性、出血性）和黏膜病變。

口腔、鼻腔和頸部器官的檢查，對以口腔、食道和上呼吸道變化為主要表現形式的疫病，如雞傳染性喉氣管炎、禽痘、兔瘟、鴨瘟等有較大診斷價值。

除對上述器官的檢查外，必要時對腦、脊髓、骨髓、關節、肌肉、生殖器官進行檢查。

四、病理組織學檢查技術

病理組織學檢查是將採集的病變組織作一系列技術處理，然後在顯微鏡下觀察組織和細胞病變。它彌補了肉眼檢查的不足，進一步明確病變性質，常使疫病得到確診。病理組織學檢查中常用的是石蠟切片，蘇木精-伊紅（H.E）染色法；快速冰凍切片也越來越多地應用在動物疫病診斷中，如豬瘟、牛海綿狀腦病的檢測。

（一）石蠟切片

從病料的採取到製成染色標本，要經過取材、固定、脫水、透明、浸蠟、包埋、切

片、染色和封固等步驟。通常，檢疫材料在 10％的福馬林溶液中固定 48h，經 70％、80％、95％、100％系列乙醇脫水，二甲苯透明，石蠟浸蠟，石蠟包埋，切片及附貼，作蘇木精-伊紅染色（染色前組織片要經二甲苯脫蠟、脫二甲苯、系列乙醇和水漂洗），中性樹膠封片後鏡檢。經過 H.E 染色，細胞核染成藍色，細胞質染成紅色。

（二）冰凍切片

1. 組織塊處理 新鮮組織塊有三種處理方法：不經任何固定處理直接進行冰凍切片；經 10％福馬林固定 24～48h，水洗，冰凍切片；經福馬林固定，水洗，明膠包埋，冰凍切片（用於易碎裂的組織塊）。

2. 切片 冰凍切片機切片。

3. 貼片 採取蛋白甘油貼片法（先將載玻片上塗一層蛋白甘油）或明膠貼片法（先將載玻片塗一薄層明膠）。

4. 染色 冰凍切片可以不貼片進行染色，也可以貼片後染色，最好當天染色。染色方法根據製片目的選擇，如豬瘟檢疫時，扁桃體和腎冰凍切片進行螢光抗體染色。

5. 其他步驟 脫水、透明、封片或染色後直接鏡檢。

任務三　樣品的採集

樣品採集是進行動物疫病監測、診斷的一項重要的基礎性工作，採樣的時機是否適宜，樣品是否具有代表性，樣品處理、保存、運送是否合適及時，直接決定檢測結果的準確性和檢測結論的科學性。因此，對採樣的方法、技術都有特定的要求。

一、採集原則

1. 先排除後採樣 急性死亡的動物，懷疑患有炭疽時，應先進行血液抹片鏡檢，確定不是炭疽後，方可解剖採樣。

2. 無菌採樣 無菌採樣的目的是避免樣品汙染。樣品採集全過程應無菌操作，尤其是供微生物學檢查和血清學檢查的樣品。採樣部位、用具、盛放樣品的容器均需滅菌處理。

3. 適時採樣 供檢測用的材料因檢測目的和項目不同，有一定的時間要求。若是分離病原體，生前應在動物發燒初期或出現典型臨診症狀時採集；死後應立即採集，夏季不超過動物死後 6h，冬季不超過 24h。若需製備血清，最好在動物空腹時採血。

4. 典型採樣 典型採樣要求樣品具有代表性。

（1）選擇典型動物。選擇未經藥物治療，症狀典型的動物。這對細菌性傳染病的檢查尤為重要。

（2）選擇典型材料。採集病原體含量最高的組織或臟器，通常採集病變最明顯、最典型的部位。因為不同疫病的病原體在動物體內及其分泌物、排泄物中的分布、含量不同，即使同一種疫病，在疾病的不同時期、不同病型中，病原體在體內的分布也不同。在採取病料前，對動物可能患某種疫病作出初步診斷，側重採集該病原體常侵

第二章 動物疫病監測與診斷

害的部位。如呼吸道疫病生前可採集咽喉分泌物，消化道疫病採集糞便。

5. 合理採樣 合理採樣是指取樣動物的數量和樣品的數量合理。進行疫病診斷時，應採集1~5隻（頭）病死動物的器官組織和不少於此數量的血清和抗凝血；監測免疫效果時，存欄萬頭（隻）以下的畜禽場按1%採樣，存欄萬頭（隻）以上的畜禽場按0.5%進行採樣，但每次監測數量不少於30份；監測種群疫病淨化時，要逐頭採樣；疫情監測或流行病學調查時，採集血清、拭子、體液、糞尿或皮毛等樣品，可根據季節、周邊疫情、動物年齡估算感染率，然後計算應採數量。

每一種樣品應有足夠的數量，除確保本次用量外，以備複檢使用。對於畜產品，按規定採取足量樣品。如皮張炭疽檢疫時，在每張皮的腿部或腋下邊緣部位取樣，初檢取1g，複檢時在同部位取2g。

6. 安全採樣 在採樣過程中，採樣人員要注意安全，防止感染，同時防止病原擴散而造成環境汙染。

二、血液樣品的採集與處理

1. 採血部位 應根據動物種類確定採血部位。對大型哺乳動物，可選擇頸靜脈、耳靜脈或尾靜脈採血，也可採肱靜脈和乳房靜脈；毛皮動物少量採血可穿刺耳尖或耳殼外側靜脈，多量採血可在隱靜脈採集，也可用尖刀割破趾墊至一定深度或剪斷尾尖部採血；齧齒類動物可從尾尖採血，也可由眼窩內的血管叢採血。

通常，豬採用前腔靜脈或耳靜脈採血；羊採用頸靜脈或前後肢皮下靜脈採血；犬選擇前肢隱靜脈或頸靜脈採集；兔從耳背靜脈、頸靜脈或心臟採血；禽類選擇翅靜脈或心臟採血。

2. 採血方法 應對動物採血部位的皮膚先剃毛（拔毛），用1%~2%的碘酊消毒後，再用75%的乙醇消毒，待乾燥後採血。採血可用採血器或真空採血管，採集少量血可用三稜針穿刺，將血液滴到開口的試管內。

3. 採血種類

（1）全血樣品。進行血液學分析，細菌、病毒或原蟲培養，通常用全血樣品，樣品中加抗凝劑。抗凝劑可用0.1%肝素、阿氏液（阿氏液為紅血球保存液，1份血液加2份阿氏液）或檸檬酸鈉（3.8%~4%的檸檬酸鈉0.1mL，可用於1mL血液）。也可將血液放入裝有玻璃珠的滅菌瓶內，震盪脫去纖維蛋白。若用於病毒檢測的樣品，可在1mL血樣中加入青黴素500~1 000 U和鏈黴素500~1 000μg，以抑制血源性汙染或在採血過程中汙染的細菌。

（2）血清樣品。進行血清學試驗通常用血清樣品。用於製備血清樣品的血液中不加抗凝劑，將自然析出的血清或經離心分離出的血清吸出，按需要分裝，再貼上標籤冷藏保存備檢。較長時間才檢測的，應−20℃保存，但不能反覆凍融，否則抗體效價下降。做血清學檢驗的血液，在採血、運送、分離血清過程中，應避免溶血，以免影響檢驗結果。採集雙份血清檢測比較抗體效價變化的，第一份血清採於發病的初期並作凍結保存，第二份血清採於第一份血清後3~4週。

（3）血漿的採集。採血試管內先加上抗凝劑，血液採完後，將試管顛倒幾次，使血液與抗凝劑充分混合，然後靜止，待細胞下沉後，上層即為血漿。

25

動物防疫與檢疫技術

三、組織樣品的採集與處理

組織樣品一般由撲殺動物或病死動物屍體解剖採集。從屍體採樣時，先剝去動物胸腹部皮膚，以無菌器械將體腔打開，根據檢驗目的和疫病的初步診斷，無菌採集不同的組織。

1. 病原檢測樣品的採集 用於微生物學檢驗的病料應新鮮，盡可能地減少污染。可用一套新消毒的器械切取所需器官的組織塊，每個組織塊應單獨放在已消毒的容器內以防止組織間相互污染，容器壁上註明日期、組織或動物名稱。用於細菌分離樣品的採集，首先以燒紅的刀片燙烙臟器表面，在燒烙部位切口，用滅菌後的鉑金耳伸入切口內，取少量組織或液體，進行塗片鏡檢或劃線接種於適宜的培養基上。

2. 組織病理學檢查樣品的採集 採集包括病灶及臨近正常組織的組織塊，組織塊厚度不超過0.5cm，長寬不超過1.5cm×1.5cm，放入10倍於組織塊體積的10%福馬林溶液中固定。固定3～4h後修塊，修切成厚度約0.2cm、長寬約1cm×1cm大小（檢查狂犬病需要較大的組織塊）。組織塊切忌擠壓、刮擦和用水洗。如作冷凍切片用，則將組織塊放在0～4℃容器中，盡快送實驗室檢驗。

四、分泌物和滲出液的採集與處理

1. 口腔、鼻腔、喉氣管、泄殖腔及陰道分泌物 用滅菌的棉球蘸取，通常是將滅菌的棉拭子插入天然孔反覆旋轉以蘸取分泌物，然後將拭子浸入保存液中，密封低溫保存。

2. 嗉食道分泌物 採集前被檢動物禁食12h。大中型動物用食道探杯從已擴張的口腔伸入咽喉部、食道，反覆刮取。

3. 乳汁 清洗乳房並消毒，棄去最初擠出的幾把乳汁，收集後擠出的10～20mL於滅菌試管中。

4. 尿液 在動物排尿時，用潔淨的容器直接接取。也可使用塑膠袋，固定在雌性動物外陰部或雄性動物陰莖下接取尿液。採取尿液，宜早晨進行。取樣量據檢驗目的而定，通常取30～50mL。

5. 水泡液、水腫液、關節囊液、胸腹腔滲出液 用燙烙法消毒採樣部位，用滅菌吸管、毛細吸管或針筒經燙烙部位插入，吸取內部液體材料，至少採取1mL，然後將液體材料注入滅菌的試管中，塞好棉塞送檢。也可用接種環經消毒的部位插入，提取病料直接接種在培養基上。

6. 膿汁 已破口的膿疱，用滅菌的棉球蘸取；未破口的，用燙烙法消毒採樣部位，用針筒吸取。過於濃稠不好抽取時，可切開膿疱，用滅菌的棉球蘸取。

五、樣品的包裝與運送

1. 樣品的包裝 容器必須完整無損，密封不滲漏液體。不同的樣品不能混樣，每份樣品應仔細分別包裝，在樣品袋或平皿外面貼上標籤，標籤註明樣品名、樣品編號、採樣日期等。

（1）液體病料（黏液、滲出物、膽汁、血液等）樣品。將樣品收集在滅菌的小試管或青黴素瓶中，裝載量不可超過總容量的80%。加蓋後用膠布或封口膜固封，並

第二章 動物疫病監測與診斷

在膠布或封口膜外用溶化石蠟加封。

（2）棉拭子樣品。將蘸取鼻液、膿汁、糞便等樣品的棉拭子插入加有一定保存液的滅菌小塑膠離心管中，剪去露出部分，蓋緊瓶蓋，膠布或封口膜固封。常用的病毒保護液有：含抗生素的 pH7.2～7.4 磷酸鹽緩衝液、50％甘油磷酸鹽緩衝液、50％甘油生理鹽水。常用的細菌保護液有：滅菌液狀石蠟、30％甘油磷酸鹽緩衝液、30％甘油生理鹽水。病料與保存液的適宜比例為 1：10。

（3）實質臟器、腸管、糞便樣品。將樣品放入滅菌玻璃容器（試管、平皿、三角燒瓶等）或塑膠袋中。如果選用塑膠袋作為容器，則用兩層袋，分別用線結紮袋口，防止液體漏出或水進入袋中汙染樣品。

（4）鏡檢材料製成的塗片。塗片自然乾燥後，使其塗面彼此相對，兩端加以火柴桿或厚紙片，用線纏緊，用紙包好，放小盒內送檢。

2. 樣品的運送 樣品應在特定溫度下盡快運送到實驗室。若 24h 內能送到實驗室，可將樣品放在 4℃的容器中冷藏運輸；若超過 24h，要冷凍運輸。

3. 樣品的保存 樣品應保持新鮮，避免汙染、變質。樣品到達實驗室後，若暫時不處理，血清及病毒學檢測樣品應冷凍（－20℃以下）保存，不宜反覆凍融。細菌學檢測樣品應冷藏，不宜冷凍，可置滅菌的保存液中冷藏保存。病理組織學樣品放入 10％福馬林溶液或 95％乙醇中固定保存，固定液的用量應為送檢病料體積的 10 倍以上。

4. 樣品的記錄 每一份樣品或每一批樣品均要有採樣單。採樣單一式三份，第一聯由採樣單位保存，第二聯跟隨樣品，第三聯由被採樣單位保存。採樣單內容見表 2-2。

表 2-2　動物疫病檢測樣品採樣單

採樣單位名稱						
採樣地點						
聯絡人		連繫電話			郵政編碼	
動物名稱		年　齡			採樣日期	
採樣方式	□總體隨機　□分層隨機　□系統隨機　□整群　□分散　□其他					
樣品名稱		採樣數量			樣品編號	
樣品保存條件						
動物來源	□自繁自養　□本縣（市）　□外縣（市）　□進口　□其他					
養殖模式	□散養　□規模場					
臨診症狀						
病理變化						
疑似疫病						
動物免疫狀況						
送樣要求		送樣方式		□航空　□郵寄　□其他		
採樣單位		採樣人				

動物防疫與檢疫技術

任務四　實驗室檢查

實驗室檢查的方法有病原學檢測、免疫學檢測、分子生物學檢測和病理組織學檢查等。在實際應用過程中，這些方法常常交叉使用，互相取長補短。

一、病原學檢測

（一）形態學檢查

1. 細菌性疫病　在細菌病的實驗室診斷中，形態檢查的應用有兩個時機：一是將病料塗片染色鏡檢，它有助於對細菌的初步認識，也是決定是否進行細菌分離培養的重要依據，有時透過這一環節即可得到確診。如禽霍亂和炭疽有時可透過病料組織觸片、染色、鏡檢得到確診。另一個時機是在細菌的分離培養之後，將細菌培養物塗片染色，觀察細菌的形態、排列及染色特性，這是鑑定分離細菌的基本方法之一，也是進行生化鑑定、血清學鑑定的前提。

2. 病毒性疫病

（1）包涵體檢查。有些病毒（如狂犬病病毒、犬瘟熱病毒）在細胞內增殖後，細胞內出現一種異常的斑塊，這就是包涵體。包涵體用塞勒染色法染色（也可用吉姆薩染色），在普通光學顯微鏡下即可看到。包涵體的形態、大小、位置等因病毒的種類不同而異，因此有助於病毒的鑑定。狂犬病病毒的包涵體即尼氏小體，位於神經細胞的胞質內，用大腦的海馬角、小腦或延腦觸片，塞勒染色鏡檢，呈圓形、卵圓形、櫻桃紅色；而假性狂犬病病毒的包涵體位於細胞核內，犬瘟熱病毒的包涵體可在細胞核和細胞質內同時存在。

（2）病毒形態學觀察。將被檢材料經處理濃縮和純化，用2％～4％磷鎢酸鈉染色，在電子顯微鏡下直接觀察散在的病毒顆粒，依據病毒形態作出初步診斷。

3. 寄生蟲性疫病

（1）蟲卵檢查法。蟲卵檢查主要診斷動物蠕蟲病，尤其是寄生在動物消化道及其附屬腺體中的寄生蟲，被檢材料多是動物糞便。

①直接塗片鏡檢。先在載玻片中央滴加1～2滴50％甘油生理鹽水或蒸餾水，再取少許糞便與之混勻，均勻塗布成適當大小的薄層，蓋上蓋玻片鏡檢。此法最為簡便，但糞便中蟲卵較少時，檢出率不高。

②集卵法檢查。集卵法是利用不同密度的液體對糞便進行處理，使糞中的蟲卵下沉或上浮而被集中起來，再進行鏡檢，提高檢出率。其方法有水洗沉澱法和飽和鹽水漂浮法。

a. 水洗沉澱法。取5～10g被檢糞便放入燒杯或其他容器，搗碎，加常水150mL攪拌，過濾，濾液靜置沉澱30min，棄去上清液，保留沉渣。再加水，再沉澱，如此反覆直到上清液透明，棄去上清液，取沉渣塗片鏡檢。此方法適合相對密度較大的吸蟲卵和棘頭蟲卵的檢查。

b. 飽和鹽水漂浮法。取5～10g被檢糞便搗碎，加飽和食鹽水（1000mL沸水中加入食鹽400g，充分攪拌溶解，待冷卻，過濾備用）100mL混合過濾，濾液靜置30～60min，取濾液表面的液膜鏡檢。此法適用於線蟲卵和絛蟲卵的檢查。

第二章　動物疫病監測與診斷

（2）蟲體檢查法
①蠕蟲蟲體檢查法。
a. 成蟲檢查法。大多數蠕蟲的成蟲較大，透過肉眼觀察其形態特徵可作診斷。
b. 幼蟲檢查法。主要用於非消化道寄生蟲和透過蟲卵不易鑑定的寄生蟲的檢查。肺線蟲的幼蟲用貝爾曼氏幼蟲分離法（漏斗幼蟲分離法）和平皿法。平皿法特別適合檢查球形畜糞，取 3～5 個糞球放入小平皿，加少量 40℃ 溫水，靜置 15min，取出糞球，低倍鏡下觀察液體中動的幼蟲。另外，絲狀線蟲的幼蟲採取血液製成壓滴標本或塗片標本，顯微鏡檢查；日本血吸蟲的幼蟲需用毛蚴孵化法來檢查；住肉孢子蟲需進行肌肉壓片鏡檢；旋毛蟲可採用肌肉壓片鏡檢或消化法檢查。
②蜱蟎類蟲體檢查法。
a. 蜱等昆蟲的檢查。採用肉眼檢查法。
b. 蟎蟲的檢查。將皮屑病料置於載玻片上，滴加 50% 甘油溶液，上覆另一載玻片，用手搓壓玻片使皮屑散開，鏡檢。
③原蟲蟲體檢查法。原蟲大多為單細胞寄生蟲，肉眼不可見，須藉助於顯微鏡檢查。
a. 血液原蟲檢查法。有血液塗片檢查法（梨形蟲的檢查）、血液壓滴標本檢查法（伊氏錐蟲的檢查）、淋巴結穿刺塗片檢查法（牛環形泰勒蟲的檢查）等。
b. 泌尿生殖官原蟲檢查法。一是壓滴標本檢查，採集的病料立即放於載玻片，並防止材料乾燥，高倍鏡、暗視野鏡檢，能發現活動的蟲體。二是染色標本檢查，病料塗片，甲醇固定，吉姆薩染色，鏡檢。
c. 球蟲卵囊檢查法。動物糞便中球蟲卵囊的檢查，同蠕蟲蟲卵檢查的方法，可直接塗片，亦可用飽和鹽水漂浮。若屍體剖檢，家兔可取肝壞死病灶塗片，雞可用盲腸黏膜塗片，染色後鏡檢。
d. 弓形蟲蟲體檢查法。活體檢疫，可取腹水、血液或淋巴結穿刺液塗片，吉姆薩染液染色，鏡檢，觀察細胞內外有無滋養體、包囊。屍體剖檢，可取腦、肺、淋巴結等組織作觸片，染色鏡檢，檢查其中的包囊、滋養體。亦常取死亡動物的肺、肝、淋巴結或急性病例的腹水、血液作為病料，於小鼠腹腔接種，觀察其臨診表現並分離蟲體。

（二）分離培養

透過適宜的人工培養基或培養技術，將細菌、支原體、真菌、螺旋體等病原體，從病料中分離出來後，根據其不同的形態特徵、培養特性、生化特性及動物接種和免疫學檢測結果作出鑑定，而病毒、衣原體和立克次體等可透過組織培養或禽胚培養進行分離，然後根據其形態學特徵及動物接種和免疫學試驗結果進行鑑定。

1. 細菌培養特性觀察　根據所分離病原菌的特性，選擇適當的培養基和培養條件進行培養。各類細菌都有其各自的培養生長特性，可作為鑑別細菌種屬的重要依據。

（1）固體培養基上菌落性狀的檢查。細菌在固體培養基上經過培養，長出肉眼可見的細菌集團即菌落。不同細菌形成的菌落，其大小、形狀、色澤等都有所差異。因此，菌落特徵是鑑別細菌的重要依據。

（2）液體培養基上液體性狀的觀察。細菌在液體培養基中生長可使液體出現混

濁、沉澱，液面形成菌膜以及液體變色、產氣等現象。如在普通肉湯中，大腸桿菌生長旺盛使培養基均勻混濁，培養基表面形成菌膜，管底有黏液性沉澱，並常有特殊糞臭氣味；而巴氏桿菌則使肉湯輕度混濁，管底有黏稠沉澱，形成菌環；銅綠假單胞菌肉湯呈草綠色混濁，液面形成很厚的菌膜。

2. 病毒培養特性觀察 病毒分離培養常用的方法有雞胚接種、動物組織培養和動物接種。病毒在活的細胞內培養增殖後，使易感動物、雞胚、細胞發生病變或變化，能用肉眼或在普通光學顯微鏡下觀察到，可供鑑別。像雞新城病病毒在雞胚絨毛尿囊腔生長後，雞胚全身皮膚有出血點，腦後尤其嚴重；雞胚絨毛尿囊膜接種雞痘病毒產生痘斑病變。細胞病變需在光學顯微鏡下觀察，常見病變有：細胞變形皺縮，胞質內出現顆粒，核濃縮，核裂解或細胞裂解，出現空泡。根據培養性狀，結合被檢動物臨診表現可作出診斷。

(三) 生化試驗

生化試驗是利用生物化學的方法，檢測細菌在人工培養繁殖過程中所產生的某種新陳代謝產物是否存在，是一種定性檢測。不同的細菌，新陳代謝產物各異，表現出不同的生化性狀，這些性狀對細菌種屬鑑別有重要價值。生化試驗的項目很多，可據檢疫目的適當選擇。常用的生化反應有糖發酵試驗、靛基質試驗、V-P試驗、甲基紅試驗、硫化氫試驗等。

(四) 動物接種試驗

動物接種試驗除使用同種動物外，還可以根據病原體的生物學特性，選擇對待檢病原體敏感的實驗動物，如家兔、小鼠、倉鼠、家禽、鴿子等。動物接種試驗主要用於病原體致病力檢測，即將分離鑑定的病原體人工接種易感動物，然後根據對該動物的致病力、臨診症狀和病理變化等現象判斷其毒力。也可將病料適當處理後人工接種易感動物，並將其與自然病例進行比較、回收病原體或用血清學方法進行診斷。對於那些還不能在人工培養基、雞胚或組織細胞中生長的病原體，則可用本種動物接種試驗進行分離或繼代，由於病料接種是在人工控制的條件下進行，感染的時間和病程比較清楚，病原體分離的成功率較高。

(五) 分子生物學檢測技術

利用分子生物學檢測技術，不僅可檢測動物疫病病原的核酸，建立動物疫病特異性快速診斷方法，而且可用於病原基因變異與遺傳進化的分析，及時準確了解動物疫病分子流行病學動態，為疫病防控提供分子理論分析依據。分子生物學檢測技術包括病原體的基因組檢測、抗原檢測及病原體的代謝產物檢測等。這裡僅簡要介紹與病原體基因組檢測有關的幾種主要方法。

1. 聚合酶鏈反應（PCR） 是將從病原體中提取的模板DNA在體外高溫（95℃左右）時變性而變成單鏈，低溫（多為55℃左右）時引物與單鏈按鹼基互補配對原則而結合，再調溫度至DNA聚合酶最適反應溫度（72℃左右），DNA聚合酶沿著磷酸端到C端（5′-3′）的方向合成互補鏈。當這些步驟循環重複多次後即可引起目的DNA序列的大量擴增。由於PCR擴增的DNA片段呈幾何指數增加，故經過25～30次循環後便可透過電泳方法檢測到病原體的特異性基因片段。

2. 核酸探針技術 該技術是利用DNA分子的變性、復性以及鹼基互補配對的高度精確性，對某一特異性DNA序列進行探查的新技術。其基本原理是：將某病原體

基因中一段已知保守序列分離後透過放射性或非放射性標記物標記製備成探針，當其與待檢樣品中存在的病原體基因組一起加熱時，如果待檢樣品中存在該病原體，分成單鏈的探針便可識別並與具有互補核酸鹼基的 DNA 鏈結合，再透過標記物的檢查即可確定病原體的存在。DNA 探針具有很高的特異性，但單獨使用時檢測的敏感性不高，若將該方法與 PCR 結合，則可透過高度保守區的 DNA 序列為細菌病和病毒病檢測提供有力的工具。

3. 限制性酶切片段長度多態性分析　那些血清型非常接近的病原微生物，用血清學方法進行鑑定時往往特異性較差，而限制性酶切片段長度多態性分析則可檢出這類微生物之間基因組的微細差別。其原理是首先製備病原微生物的基因組 DNA，用限制性核酸內切酶將其剪切成特異性片段，然後在瓊脂糖凝膠中電泳並用溴化乙啶顯色，再將分離開的片段與 ^{32}P 標記的互補 DNA（cDNA）雜交以檢測基因組的差異或相似性。該方法可用於同一個血清型不同分離株之間差異或相似性的流行病學分析，為分離株的流行病學追蹤提供了可能性。

二、免疫學檢測

（一）血清學檢測

血清學檢測是檢測動物疫病最常用和最重要的方法之一。由於抗原與抗體結合反應的高度特異性，可用已知抗原檢測抗體，也可用已知抗體檢測抗原。該方法特異性和敏感性都很高，且方法簡易而快速，故在疫病的檢測中被廣泛應用。常用的有凝集試驗、沉澱試驗、標記抗體技術等方法。

1. 凝集試驗　凝集試驗用於測定血清中的抗體含量時，將血清倍比稀釋後，加定量的抗原；測抗原含量時，將抗原倍比稀釋後加定量的抗體。抗原抗體反應時，出現明顯反應終點的抗血清或抗原製劑的最高稀釋度稱為效價或滴度。

凝集試驗可根據抗原的性質、反應的方式分為直接凝集試驗（簡稱凝集試驗）、間接凝集試驗、血凝抑制試驗等。

2. 沉澱試驗

（1）環狀沉澱試驗。試驗在小試管中進行。當沉澱素與沉澱原發生特異性反應時，在兩液面接觸處出現緻密、清晰、明顯的白環，即環狀沉澱試驗陽性。獸醫臨診常用於炭疽的診斷和皮張炭疽的檢疫。

（2）瓊脂免疫擴散試驗。簡稱瓊脂擴散試驗。在半固體瓊脂凝膠板上按備好的圓形打孔，一般由一個中心孔和 6 個周邊孔組成一組，孔徑 4～5mm，孔距 3mm。中心孔滴加已知抗原懸液，周圍孔滴加標準陽性血清和被檢血清。當抗原抗體向外自由擴散而相遇並發生特異性反應時，在相遇處形成一條或數條白色沉澱線，即瓊脂擴散試驗陽性。瓊脂擴散試驗是雞馬立克病、馬傳染性貧血等疫病常用的診斷方法。

此外，把瓊脂擴散試驗與電泳技術相結合建立的免疫電泳試驗，使抗原抗體在瓊脂凝膠中的擴散移動速度加快，並限制了擴散移動的方向，縮短了試驗時間，增強了試驗的敏感性。

3. 標記抗體技術　雖然抗原與抗體的結合反應是特異性的，但在抗原、抗體分子小，或抗原、抗體含量低的時候，抗原、抗體結合後所形成的複合物卻不可見，給疫病診斷和檢測帶來困難。而有一些物質如酶、螢光素、放射性核素、化學發光劑

等，即便在微量或超微量時也能用特殊的方法將其檢測出來。因而，人們將這些物質標記到抗體分子上製成標記物，把標記物加入抗原抗體反應體系中，結合到抗原抗體複合物上。透過檢測標記物的有無及含量，間接顯示抗原抗體複合物的存在，使疫病獲得診斷。

免疫學檢測中的標記抗體技術主要包括酶標記抗體技術、螢光標記抗體技術、膠體金免疫檢測技術、同位素標記技術以及葡萄球菌 A 蛋白（SPA）免疫檢測技術等。

（1）酶標記抗體技術。主要方法有免疫酶染色法和酶聯免疫吸附試驗（ELISA）。ELISA 是目前生產中應用廣、發展快的檢測新技術之一，具有簡便、快速、敏感、易於標準化、適合大批樣品檢測的優點，在動物檢疫中被用於眾多動物疫病的診斷檢測。其基本原理是將抗原抗體反應的特異性和酶催化底物反應的高效性與專一性結合起來，以酶標記的抗體作為主要試劑，與吸附在固相載體上的抗原發生特異性結合。滴加底物溶液後，底物在酶的催化下發生化學反應，呈現顏色變化。用肉眼或酶標儀根據顏色深淺判定結果。

（2）螢光標記抗體技術。螢光標記抗體技術簡稱螢光抗體技術（FAT），主要用於抗原的定位、定性。該技術的主要特點是特異性強、敏感性高及檢測速度快。其基本原理是將不影響抗原抗體特異性反應的螢光色素標記在抗體分子上，當螢光標記的抗體與相應抗原結合後，在螢光顯微鏡下可觀察到特異性螢光，以此得到診斷。

（二）變態反應診斷

變態反應診斷是重要的免疫學診斷方法之一，是將變應原接種動物後，透過觀察動物明顯的局部或全身性反應進行判斷。該方法主要應用於一些慢性傳染病的檢疫與監測，尤其適合群體檢疫和畜群淨化，是牛結核病檢疫的常規方法。

操作與體驗

技能一　動物血液樣品的採集

（一）技能目標

（1）會採集雞、豬、牛、羊的血液樣品。

（2）會處理血液樣品。

（3）會保存血液樣品。

（二）材料設備

採樣動物（雞、豬、牛、羊）、剪毛剪、採樣箱、保溫箱、5～10mL 採血器、1.5mL 塑膠離心管、10mL 離心管及易封口樣品袋、0.1％肝素、乙二胺四乙酸（EDTA）、1％～2％碘酊棉球、75％酒精棉球、乾棉球、載玻片、低速離心機、動物保定器或保定繩、記號筆、不乾膠標籤、採樣登記表、口罩、一次性乳膠手套、防護服、防護帽、膠靴等。

（三）方法步驟

1. 採血部位　家禽從心臟或翅靜脈採血，每隻採血 3～5mL；仔豬或中等大小的豬從前腔靜脈採血，大豬可從耳靜脈採血，每頭採血 5～10mL；牛從頸靜脈或尾靜

脈採血，每頭採血 5～10mL；羊從頸靜脈或前後肢皮下靜脈採血，每隻採血 5～10mL。採血部位先用 1%～2%碘酊消毒後，再用 75%乙醇去碘消毒。

2. 採血方法

（1）雞的採血。

①翅靜脈採血。側臥保定，展開翅膀，拇指壓迫翅靜脈近心端，待血管怒張後，用採血器針頭平行刺入靜脈，放鬆對近心端的按壓，緩緩抽取血液。

②心臟採血。

a. 雛雞心臟採血。針頭平行頸椎從胸腔前口插入，見有回血時，即把針芯向外拉使血液流入採血器。

b. 成年雞心臟採血。取側臥或仰臥保定。

Ⅰ. 側臥保定採血。右側臥保定，在觸及心搏動明顯處，或胸骨突前端至背部下凹處連線的 1/2 處，垂直或稍向前方刺入 2～3cm，見有回血時，即把針芯向外拉使血液流入採血器。

Ⅱ. 仰臥保定採血。胸骨朝上，用手指壓迫嗉囊，露出胸前口，將針頭沿其鎖骨俯角刺入，順著體中線方向水平刺入心臟，見有回血時，即把針芯向外拉使血液流入採血器。

（2）豬的採血。

①耳緣靜脈採血。豬站立或橫臥保定，用力捏壓耳靜脈近心端，或用酒精棉球反覆塗擦耳靜脈使血管怒張。使採血針頭斜面朝上，與豬耳水平面呈 10°～15°角進針，如見回血再將針頭順血管向內送入約 1cm，鬆開捏壓，緩慢抽取血液或接入真空採血管。

②前腔靜脈採血。

a. 站立保定採血。將豬頭頸向斜上方拉至與水平面呈 30°角以上，偏向一側。採血針從頸部最低凹陷處，偏向氣管約 15°角刺入，見有回血，即把針芯向外拉使血液流入採血器或接入真空採血管。

b. 仰臥保定採血。拉直兩前肢，使與體中線垂直或使兩前肢向後與體中線平行。針頭斜向後內方與地面呈 60°角，向胸前窩（胸骨端旁 2cm 處的凹陷）刺入 2～3cm，見有回血，即把針芯向外拉使血液流入採血器或接入真空採血管。

（3）牛、羊的採血。

①頸靜脈採血。牛、羊站立保定，使其頭部稍前伸並稍微偏向對側，在頸靜脈溝上 1/3 與中 1/3 交界處稍下方壓迫靜脈血管，待血管怒張後，將採血器針頭與皮膚呈 45°角刺入血管內，如見回血，將針頭後端靠近皮膚，再伸入血管內 1～2cm，採集血液。採血結束，用乾棉球輕按止血。

②牛尾靜脈採血。將牛尾上提，將採血器針頭在離尾根 10cm 左右（第 4、第 5 尾椎骨交界處）中點凹陷處垂直刺入約 1cm，見有回血，即把針芯向外拉使血液流入採血器或接入真空採血管。採血結束，用乾棉球輕按止血。

③乳房靜脈採血。乳牛、乳山羊可選乳房靜脈採血。乳牛腹部可看到明顯隆起的乳房靜脈，針頭在靜脈隆起處向後肢方向快速刺入，見有血液回流，即把針芯向外拉使血液流入採血器或接入真空採血管。

3. 血液樣品的處理

（1）抗凝血。採血前，在採血管或其他容器內按每 10mL 血液加入 0.1％肝素 1mL 或乙二胺四乙酸（EDTA）20mg。血液注入容器後，立即輕輕搖動試管，使血液和抗凝劑混勻，這樣的抗凝血即為全血。抗凝血經過靜置或 1 500～2 000r/min 離心 10min 使血細胞下沉，其上清液則為血漿。

（2）血清。不加抗凝劑採血。血液在室溫下傾斜放置 2～4h，待血液凝固自然析出血清；也可將血液室溫靜置半小時以上，1 000r/min 離心 10～15min，分離出血清。將血清移到另外的塑膠離心管中，蓋緊蓋子，封口，貼標籤。

（3）血片。取一滴末梢血、靜脈血或心血，滴在載玻片一端，再取一塊邊緣光滑的載片做推片；將推片一端置於血滴前方，向後移動接觸血滴，使血液均勻分散在推片與載片的接觸處，然後使推片與載片呈 30°～40°角，向另一端平穩地推出（圖 2-1）。塗片推好後，迅速在空氣中搖動，使之自然乾燥。

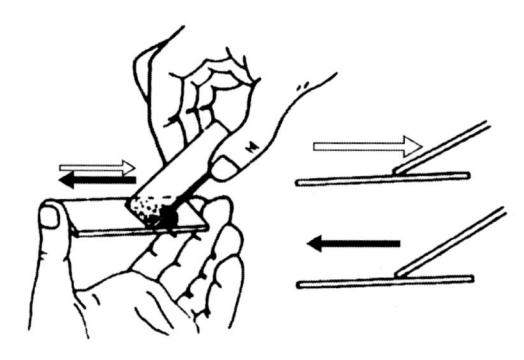

圖 2-1　血片的製備方法

4. 血液樣品的保存

（1）抗凝血。用於病毒檢測的，－20℃以下保存；用於細菌檢測的，4℃保存，不宜冷凍。

（2）血清。短時間檢測，4℃冷藏。若需長時間保存，應－20℃以下冷凍，並避免反覆凍融。

（3）血片。常溫保存。

注意：一般情況，20～25℃條件下，血液樣品的保存時間不超過 8h；4℃條件下，全血或血漿的保存時間不超過 48h，血清的保存不超過 1 週。

（四）考核標準

序號	考核內容	考核要點	分值	評分標準
1	採血 （65分）	雞翅靜脈採血	10	採血規範，5min 內採血 3～5mL
		雞心臟採血	10	採血規範，5min 內採血 3～5mL
		豬耳緣靜脈採血	10	正確保定，採血規範，5min 內採血 3～5mL
		豬前腔靜脈採血	10	正確保定，採血規範，5min 內採血 3～5mL
		牛頸靜脈採血	15	正確保定，採血規範，5min 內採血 5～10mL
		羊頸靜脈採血	10	正確保定，採血規範，5min 內採血 5～10mL

（續）

序號	考核內容	考核要點	分值	評分標準
2	血液樣品處理（20分）	抗凝血製備	5	正確製備抗凝血
		血清製備	10	正確製備血清
		血片製備	5	正確製備血片
3	血液樣品保存（5分）	抗凝血、血清、血片的保存條件	5	正確口述抗凝血、血清、血片的保存條件
4	職業素養評價（10分）	安全意識	5	注意個人防護，防止生物汙染
		合作意識	5	聽從安排，具備團隊合作精神
	總分		100	

技能二　口蹄疫樣品的採集

（一）技能目標
（1）會採集口蹄疫樣品。
（2）會保存口蹄疫樣品。
（3）會運送口蹄疫樣品。

（二）材料設備
採樣箱、保溫箱、手術剪刀、鑷子、滅菌針筒、食道探杯、樣品保存管、10mL離心管、冰袋、青黴素 1 000 U/mL、鏈黴素 1 000μg/mL、50％甘油-PBS液、0.04mol/L pH 7.4 PBS液、0.2％檸檬酸、O-P液保存液、不乾膠標籤、簽字筆、記號筆、口罩、一次性乳膠手套、防護服、防護帽、膠靴等。

（三）方法步驟
1. 樣品的選擇　用於病毒分離、病原鑑定的組織樣品以臨診發病動物（牛、羊、豬）未破裂的舌面或蹄部、鼻鏡等部位的水泡皮和水泡液為最好。對臨診健康但懷疑帶毒的動物可在屠宰過程中採集淋巴結、脊髓、扁桃體、心臟等內臟組織作為檢測材料。反芻動物在無臨診症狀的可疑情況下，可以用食道探杯採集 O-P 液樣品進行病毒分離或者檢測病毒核酸。

2. 組織樣品的採集和保存
（1）發病病料的採集和保存。
①水泡液。對於典型臨診發病動物的水泡液，用滅菌針筒吸出至少 1mL，然後裝入樣品保存管，並加青黴素 1 000 U/mL、鏈黴素 1 000μg/mL，不加保存液，加蓋封口，冷凍保存。
②水泡皮。應採整合熟未破潰的水泡皮，2～5g 為宜。採集前，可用 0.04mol/L pH 7.4 PBS 清洗水泡表面。採集到的水泡皮，置於 50％甘油-PBS 保存液中，加蓋封口，冷凍保存。
③破潰組織。若採集不到典型的水泡皮病料，應足量採集病灶周圍破潰組織，置於 50％甘油-PBS 保存液中，加蓋封口，冷凍保存。
（2）臨診健康動物病原學樣品採集。臨診表現健康，但需做口蹄疫病原學檢測的

動物，可在屠宰時採集淋巴結、脊髓、扁桃體、心臟等內臟組織作為檢測材料。對肉品進行口蹄疫病原學檢測時，可採集骨骼肌。組織樣品不少於 2g，裝入樣品保存管中，密封、低溫保存。

(3) 牛、羊食道-咽部分泌物（O-P液）樣品採集。

①樣品採集。被檢動物在採樣前禁食（可飲水）12h，以免胃內容物嚴重汙染 O-P液。食道探杯在使用前經 0.2%檸檬酸或 2%氫氧化鈉溶液浸泡 5min，再用潔淨水沖洗乾淨。每採完一頭（隻）動物，探杯要進行消毒和清洗。採樣時動物站立保定，將探杯隨吞嚥動作送入食道上部 10～15cm 處，輕輕來回移動 2～3 次，然後將探杯拉出。如採集的 O-P 液被胃內容物嚴重汙染，要用潔淨水沖洗口腔後重新採樣。

②樣品保存。在 10mL 離心管中加 3～5mL O-P液保存液，將採集到的 O-P液倒入離心管中，密封後充分搖勻，冷凍保存。

(4) 血清。採集動物血液，每頭不少於 5mL。無菌分離血清，裝入樣品保存管中，加蓋密封後冷藏或冷凍保存。

3. 樣品包裝和運送 每份樣品的包裝瓶上均要貼上標籤，寫明採樣地點、動物種類、編號、時間等。採集樣品時要填寫採樣單。專用運輸容器應隔熱堅固，內裝適當冷凍劑和防震材料。外包裝上要加貼生物安全警示標誌。

(四) 考核標準

序號	考核內容	考核要點	分值	評分標準
1	樣品的選擇（10分）	選擇採集樣品	10	正確選擇口蹄疫採集樣品
2	發病病料的採集和保存（20分）	樣品的採集	10	正確進行發病料樣品的採集
		樣品的保存	10	正確保存發病料樣品
3	臨診健康動物病原學樣品採集（20分）	樣品的採集	10	正確採集內臟組織樣品
		樣品的保存	10	正確保存內臟組織樣品
4	牛、羊O-P液採集（25分）	採集前準備	5	正確進行牛、羊O-P液採集前準備
		樣品的採集	10	正確進行牛、羊O-P液的採集
		樣品的保存	10	正確保存牛、羊O-P液
5	樣品包裝和運送（15分）	樣品的包裝	5	正確進行樣品包裝
		填寫採樣單	5	正確填寫樣品採樣單
		樣品運送	5	正確進行樣品運送
6	職業素養評價（10分）	安全意識	5	防止病原汙染，注意人身安全
		合作意識	5	聽從安排，合作完成
	總分		100	

技能三 反轉錄-聚合酶鏈式反應 (RT-PCR) 檢測豬瘟病毒

(一) 技能目標

(1) 掌握病料組織中 RNA 提取的方法。

(2) 掌握 cDNA 合成的方法。
(3) 掌握 PCR 的操作方法。
(4) 會 RT-PCR 結果判定。

(二) 材料設備

1. 儀器設備 PCR 儀、電泳儀、槍頭、EP 管、勻漿管、移液器、剪刀、鑷子、研鉢器、恆溫水浴鍋、低溫高速離心機、紫外分光光度計等。

2. 試劑 氯仿、異丙醇、75%乙醇（用 DEPC-treated 水配製）、焦碳酸二乙酯 (DEPC)、dNTP 混合物、Taq 酶、瓊脂糖、溴化乙啶、5×電泳緩衝液、反轉錄試劑盒、豬瘟特異性引物等。

(三) 方法步驟

1. 材料與樣品準備

(1) 材料準備。

①剪刀、鑷子和研鉢器。洗淨後乾烤滅菌。

②RNase-Free 水。配 0.1%的 DEPC 溶液，室溫過夜，高壓滅菌，-20℃保存。

③去除 RNase 的耗材（槍頭、EP 管等）。用 0.1% DEPC 溶液完全浸泡過夜，高壓滅菌後，烤乾備用。

(2) 樣品製備。按 1:5（m/V）比例，取待檢組織和 PBS 液於研鉢中充分研磨，4℃條件下 1 000r/min 離心 15min，取上清液轉入無 RNA 酶汙染的離心管中，備用。製備的樣品在 2~8℃保存不應超過 24h，長期保存應分裝後置-70℃以下，避免反覆凍融。

2. 試驗步驟

(1) RNA 提取。

①取 1.5mL 離心管，每管加入 800μL RNA 提取液（通用 Trizol）和被檢樣品 200μL，充分混勻，靜置 5min。同時設陽性和陰性對照管，每份樣品換一個吸頭。

②加入 200μL 氯仿，充分混勻，靜置 5min，4℃、12 000r/min 離心 15min。

③取上清液約 500μL（注意不要吸出中間層）移至新離心管中，加等量異丙醇，顛倒混勻，室溫靜置 10min，4℃、12 000r/min 離心 10min。

④小心棄去上清液，倒置於吸水紙上，振乾液體；加入 1 000μL 75%乙醇，顛倒洗滌，4℃、12 000r/min 離心 10min。

⑤小心棄去上清液，倒置於吸水紙上，振乾液體；4 000r/min 離心 10min，將管壁上殘餘液體甩到管底部，小心吸乾上清液，吸頭不要碰到有沉澱的一面，每份樣品換一個吸頭，室溫乾燥。

⑥加入 10μL DEPC 水和 10U RNasin，輕輕混勻，溶解管壁上的 RNA，4 000r/min 離心 10min，-20℃保存備用，長期保存應置於-70℃條件下。

(2) cDNA 合成。取 200μL PCR 專用管，連同陽性對照管和陰性對照管，每管加 10μL RNA 和 50 pM 下游引物 P₂ [5'-CACAG (CT) CC (AG) AA (TC) CC (AG) AAGTCATC-3']，按反轉錄試劑盒說明書進行。

(3) PCR。

①取 200μL PCR 專用管，連同陽性對照管和陰性對照管，每管加上述 cDNA

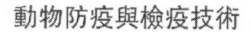

10μL 和適量水，95℃預變性 5min。

②每管加入 10 倍稀釋緩衝液 5μL，上游引物 P_1 [5′- TC (GA) (AT) CAAC-CAA (TC) GAGATAGGG - 3′] 和下游引物 P2 各 50pM，10mol/L dNTP 2μL，Taq 酶 2.5U，補水至 50μL。

③置於 PCR 儀，循環條件為 95℃經 50s，58℃經 60s，72℃經 35s，共 40 個循環，72℃延伸 5min。

(4) PCR 產物電泳。取 RT - PCR 產物 5μL，於 1‰瓊脂糖凝膠中電泳，凝膠中含 0.5μL/mL 溴化乙啶，電泳緩衝液為 0.5×TBE，80V 經 30min，電泳完後於長波紫外燈下觀察拍照。

3. 結果及判定

(1) 陽性。被檢樣品出現 251nt 目的條帶，判為陽性。

(2) 陰性。被檢樣品未出現 251nt 目的條帶，判為陰性。

(四) 考核標準

序號	考核內容	考核要點	分值	評分標準
1	材料與樣品準備 (10 分)	材料準備材料與樣品	10	正確準備材料、樣品
2	操作過程 (70 分)	RNA 提取	20	正確提取被檢樣品的 RNA
		cDNA 合成	15	正確按反轉錄試劑盒說明將提取的 RNA 合成 cDNA
		PCR	20	正確以合成的 cDNA 為模板進行 PCR 擴增
		PCR 產物電泳	15	正確將 PCR 產物進行凝膠電泳
3	結果判定 (10 分)	結果判定	10	正確判定有無豬瘟病毒存在
4	實訓要求 (10 分)	實訓態度	10	服從安排，實訓認真，能夠在實訓中發現問題並提出解決方案
	總分		100	

知識拓展

拓展知識　口蹄疫監測計劃

(一) 監測目的

掌握口蹄疫病原感染與分布情況，了解高風險區域和重點環節動物感染情況，追蹤監測病毒變異特點與趨勢，查找傳染風險因素，證明免疫非疫區狀態。評估畜群免疫效果，掌握群體免疫狀況。同時，開展豬矽尼卡病毒 A 型 (SVA) 監測，評估危害性。

(二) 監測對象

豬、牛、羊、鹿等偶蹄類動物。

(三) 監測範圍

各級動物疫病預防控制機構對豬、牛、羊、鹿等偶蹄類動物的種畜場、規模飼養

場、散養戶、活畜交易市場、屠宰場、無害化處理廠等進行監測。

(四) 監測時間

根據實際情況安排常規監測。

(五) 監測方式

1. **被動監測**　任何單位和個人發現豬、牛、羊、鹿等偶蹄動物或野生動物出現水泡、跛行、爛蹄等類似口蹄疫的症狀，應及時向當地農業主管部門或動物疫病預防控制機構報告，動物疫病預防控制機構應及時採樣進行監測。

2. **主動監測**

(1) 病原監測。採用先抽取場群，在場群內再抽取個體的抽樣方式開展監測採樣。選擇場群時要考慮豬、牛、羊、鹿等偶蹄類動物的種畜場、規模飼養場、散養戶、活畜交易市場、屠宰場的比例。

(2) 抗體監測。選擇場群要綜合考慮豬、牛、羊、鹿等偶蹄類動物的種畜場、規模飼養場、散養戶、活畜交易市場及屠宰場的比例，以及不同種群動物的年齡和免疫次數的差異。

(六) 監測內容和數量

監測數量　各級政府根據疫病流行和養殖情況確定監測數量，在做好口蹄疫監測的同時，要以種畜場、規模場、屠宰場為重點，對豬 SVA 感染狀況進行監測和調查。

(七) 檢測方法

1. **病原檢測**　對牛羊 O-P 液、豬頜下淋巴結或扁桃體，採用 RT-PCR 方法或即時 RT-PCR 方法檢測口蹄疫病原。

2. **非結構蛋白抗體檢測**　採用非結構蛋白（NSP）抗體 ELISA 方法進行檢測。在免疫狀況下，對 NSP 抗體檢測陽性的，需進一步確認。可重複採樣檢測 NSP 抗體，根據抗體陽性率變化判斷是否感染病毒。具體方法是，在 NSP 首次監測 2~4 週後（期間不能進行免疫）進行二次採樣檢測（兩次採樣檢測的動物要保持一致）。對 NSP 抗體陽性率等於或低於首次檢測結果的，可排除感染。

3. **免疫抗體檢測**　豬免疫 28d 後，其他畜種免疫 21d 後，採集血清樣品進行免疫效果監測。

O 型口蹄疫抗體：液相阻斷 ELISA 或正向間接血凝試驗，合成肽疫苗採用 VP1 結構蛋白 ELISA 進行檢測。

A 型口蹄疫抗體：液相阻斷 ELISA。

4. **SVA 檢測**

(1) 血清檢測。採用間接 ELISA 或競爭 ELISA 方法。

(2) 病原檢測。採用即時 RT-PCR 方法，結合病原分離及序列測定。

(八) 判定標準

1. **免疫合格個體**

(1) 液相阻斷 ELISA：牛、羊抗體效價 $\geqslant 2^7$，豬抗體效價 $\geqslant 2^6$。

(2) 正向間接血凝試驗：抗體效價 $\geqslant 2^6$。

(3) VP1 結構蛋白抗體 ELISA：抗體效價 $\geqslant 2^5$。

2. **免疫合格群體**　免疫合格個體數量占群體總數的 70%（含）以上。

3. 可疑陽性個體

（1）免疫家畜非結構蛋白抗體 ELISA 檢測陽性的。

（2）未免疫家畜血清抗體檢測陽性的。

4. 可疑陽性群體 群體內至少檢出 1 個可疑陽性個體的。

5. 監測陽性個體 牛羊的 O-P 液，豬的頜下淋巴結或扁桃體用 RT-PCR 或即時 RT-PCR 檢測，結果為陽性。

6. 確診陽性個體 監測陽性個體經省級動物疫病預防控制機構實驗室確診，結果為陽性。

7. 確診陽性群體 群體內至少檢出 1 個確診陽性個體的。

8. 臨床病例處置 按照口蹄疫防治技術規範處置。

複習與思考

1. 根據所學知識，簡述如何對新引進牛進行臨診檢查。

2. 根據所學知識，簡述如何對新引進豬進行臨診檢查。

3. 某養雞場發生疫情，懷疑是新城病，需要進行實驗室確診，請你確定樣品採集的種類和方法，以及實驗室檢測的方法。

4. 某養豬場發生疫情，懷疑是豬瘟，需要進行實驗室確診，請你確定樣品採集的種類和方法，以及實驗室檢測的方法。

5. 動物春季強制免疫後，進行免疫效果監測，如何採集樣品？

《動物防疫與檢疫技術》

第三章

動物疫病防控措施

章節指南

本章的應用：養殖場動物疫病防控措施的制定和實施；獸醫門診、畜禽屠宰場、動物產品加工廠等場地衛生消毒措施的制定和實施；動物疫病可追溯管理體系的建立。

完成本章所需知識點：消毒的對象和方法；消毒效果的檢查；殺蟲和滅鼠的方法；免疫接種的對象和方法；疫苗接種反應；免疫程序的制定；免疫失敗的原因；畜禽標識和畜禽養殖檔案的建立；預防用藥的選擇和使用；糞汙的處理。

完成本章所需技能點：針對消毒對象選擇消毒方法並實施；在養殖場實施殺蟲和滅鼠；合理保存和運輸疫苗；為養殖場制定免疫程序並實施免疫；畜禽標識的加施；動物驅蟲；處理糞汙；為養殖場制定綜合防疫措施。

認知與解讀

任務一　消毒的實施

消毒是指運用物理、化學和生物的方法清除或殺滅環境中的各類病原體的措施，主要目的是消滅病原體，切斷疫病的傳染途徑，阻止疫病的發生、流行，進而控制和消滅疫病。

一、消毒的種類

根據時機和目的不同，消毒分為預防消毒、隨時消毒和終末消毒三類。

1. 預防消毒　也稱平時消毒。為了預防疫病的發生，結合平時的飼養管理對圈舍、場地、用具和飲水等按計劃進行的消毒。

2. 隨時消毒　是指在發生疫病期間，為及時清除、殺滅患病動物排出的病原體而採取的消毒措施。如在隔離封鎖期間，對患病動物的排泄物、分泌物汙染的環境及一切用具、物品、設施等進行反覆、多次的消毒。

3. 終末消毒 在疫情結束之後，解除疫區封鎖前，為了消滅疫區內可能殘留的病原體而採取的全面、徹底的消毒。

二、消毒的方法

動物防疫工作中常用的消毒方法主要有物理消毒法、化學消毒法和生物消毒法三類。

（一）物理消毒法

物理消毒法是指應用物理因素殺滅或清除病原體的方法，包括機械清除、輻射消毒、高溫消毒等。

1. 機械清除 採用清掃、洗刷、通風、過濾而清除病原體，是最普通、最常用的方法。用這些方法在清除汙物的同時，大量病原體也被清除，但是機械清除達不到徹底消毒的目的，必須配合其他消毒方法進行。清除的汙物要進行發酵、掩埋、焚燒或用消毒劑處理。

通風雖然不能殺滅病原體，但可以透過短期內使舍內空氣交換，達到減少舍內病原體的目的。

2. 輻射消毒 主要有紫外線消毒和電離輻射消毒兩類。

（1）陽光、紫外線消毒。陽光光譜中的紫外線有較強的殺菌能力，紫外線對革蘭氏陰性菌消毒效果好，對革蘭陽性菌效果次之，對芽孢無效，許多病毒也對紫外線敏感。此外，陽光的灼熱和蒸發水分引起的乾燥也有殺菌作用。一般病毒和非芽孢細菌在陽光曝晒下幾分鐘至幾小時就可殺死，陽光消毒能力的大小與季節、天氣、時間、緯度等有關，要靈活掌握，並注意配合應用其他消毒方法。

紫外線殺菌作用最強的波段是 250～270nm。紫外線的消毒作用受很多因素的影響，表面光滑的物體才有較好的消毒效果，空氣中的塵埃吸收大部分紫外線，因此消毒時，舍內和物體表面必須乾淨。用紫外線燈管消毒時，燈管距離消毒物品表面不超過 1m，燈管周圍 1.5～2m 處消毒有效範圍，消毒時間一般為 30min。

（2）電離輻射消毒。是指利用 γ 射線等電子輻射能穿透物品，殺死其中的微生物所進行的低溫滅菌方法。由於不升高被照射物品的溫度而達到消毒滅菌目的，非常適用於忌熱物品的消毒滅菌，又稱之為「冷滅菌」。由於電子輻射穿透力強，可以穿透到達被輻射物品的各個部位，不受物品包裝、形態的限制，因此可以在密封包裝下進行消毒。對醫療器材和生物醫藥製品進行電離輻射滅菌，在國際上已廣泛應用。

3. 高溫消毒 高溫對微生物有明顯的致死作用，是最徹底的消毒方法之一。

（1）火焰滅菌。

①燒灼法。金屬籠具、地面及牆壁等可以用火焰噴燈直接燒灼滅菌，實驗室的接種針、接種環、試管口、玻璃片等耐熱器材可在酒精燈火焰上進行燒灼滅菌。

②焚燒法。發生烈性疫病或由抵抗力強的病原體引起的疫病時（如炭疽），用於染疫動物屍體、墊草、病料以及汙染的垃圾、廢棄物等物品的消毒，可直接焚燒或用焚燒爐焚燒。

（2）熱空氣滅菌。又稱乾熱滅菌法，在電熱乾燥箱內進行。適用於燒杯、燒瓶、吸管、試管、離心管、培養皿、玻璃針筒等乾燥的玻璃器皿及針頭、滑石粉、凡士

林、液狀石蠟等的滅菌。滅菌時，將物品放入乾燥箱內，溫度上升至160℃維持2h，可達到完全滅菌的目的。

（3）煮沸消毒。常用於針頭、金屬器械、工作服和工作帽等物品的消毒。多數非芽孢病原微生物在100℃沸水中迅速死亡，多數芽孢在煮沸後15～30min內死亡，煮沸1～2h可以殺滅所有病原體。在水中加入1%～2%的小蘇打，可增強消毒效果。煮沸消毒時，消毒時間應從水煮沸後開始計算。

（4）蒸汽消毒。相對濕度在80%～100%的熱空氣能攜帶許多熱量，遇到物品凝結成水，釋放出大量熱能，從而達到消毒的目的。在一些交通檢疫站，用蒸汽鍋爐對運輸的車皮、船艙等進行消毒。如果蒸汽和化學藥品（如甲醛等）並用，可增強消毒效果。

（5）流通蒸氣消毒。利用蒸籠或流通蒸汽滅菌器進行消毒滅菌。一般在100℃加熱30min，可殺死細菌的繁殖體，但不能殺死芽孢和真菌孢子。若要殺死芽孢，常在100℃加熱30min消毒後，將消毒物品置於室溫下，待其芽孢萌發，連續用同樣的方法進行3次消毒即可殺滅物品中全部細菌及芽孢。這種連續流通蒸汽滅菌的方法，稱為間歇滅菌法。

（6）高壓蒸汽滅菌。用高壓蒸汽滅菌器進行滅菌的方法，是應用最廣泛、最有效的滅菌方法。在1個大氣壓下，蒸汽的溫度只能達到100℃，當在一個密閉的金屬容器內，持續加熱，由於蒸汽不斷產生而加壓，隨壓力的增高其沸點也會升至100℃以上，以此提高滅菌的效果。高壓蒸汽滅菌器就是根據這原理設計的。通常用0.105MPa（舊稱每平方英寸15磅）的壓力，在121.3℃下維持15～30min，即可殺死包括細菌芽孢在內的所有微生物，達到完全滅菌的目的。凡耐高溫、不怕潮濕的物品，如各種培養基、溶液、玻璃器皿、金屬器械、敷料、橡皮手套、工作服和小動物屍體等均可用這種方法滅菌。

（7）巴氏消毒。由巴斯德首創，以較低溫度殺滅液態食品中的病原菌或特定微生物，又不致嚴重損害其營養成分和風味的消毒方法。目前主要用於葡萄酒、啤酒、果酒及牛乳等食品的消毒。

具體方法可分為三類：第一類為低溫維持巴氏消毒法（LTH），在63～65℃維持30min；第二類為高溫瞬時巴氏消毒法（HTST），在71～72℃保持15s；第三類為超高溫巴氏消毒法（UHT），在132℃保持1～2s，加熱消毒後將食品迅速冷卻至10℃以下，故此法亦稱冷擊法，這樣可促使細菌死亡，也有利於鮮乳等食品馬上轉入冷藏保存。

（二）生物熱消毒法

生物熱消毒法是利用微生物在分解汙物（墊草、糞便、屍體等）中的有機物時產生的大量熱能來殺死病原體的方法。該法主要用於糞汙及動物屍體的無害化處理，嗜熱細菌生長繁殖可使堆積物的溫度達到60～75℃，經過一段時間便可殺死病毒、細菌繁殖體、寄生蟲卵等病原體，但不能消滅芽孢。

（三）化學消毒法

化學消毒法是指用化學消毒劑殺滅病原體的方法。在疫病防控過程中，經常利用各種消毒劑對病原體汙染的場所、物品等進行清洗、浸泡、噴灑、燻蒸等，以殺滅其中的病原體。不同的消毒劑對微生物的影響不同，即使是同一種消毒劑，由

於其濃度、環境溫度、作用時間及作用對象等的不同，也表現出不同的作用效果。因此，生產中要根據不同的消毒對象，選用不同的消毒劑。消毒劑除對病原體具有廣泛的殺傷作用外，對動物、人的組織細胞也有損傷作用，使用過程中應加以注意。

三、常用的消毒劑

用於殺滅物品或環境中病原體的化學藥物，稱為消毒劑。常用的消毒劑品種很多，各類消毒劑的理化性質、作用機理不同，使用方法也不同。

（一）消毒劑的種類

根據結構的不同，消毒劑可分為以下幾類。

1. 鹼類消毒劑 鹼類消毒劑的氫氧根離子可以水解蛋白質和核酸，使微生物結構和酶系統受到損害，同時可分解菌體中的醣類而殺滅細菌和病毒。

（1）氫氧化鈉（苛性鈉、火鹼）。呈白色或微黃色的塊狀或棒狀，易溶於水，易吸收空氣中的二氧化碳和水而潮解，故需密閉保存。對細菌的繁殖體、芽孢、病毒及寄生蟲蟲卵等都有很強的殺滅作用。由於腐蝕性強，主要用於外部環境、圈舍地面的消毒。常用濃度為2%，殺滅芽孢所需濃度為5%～10%。

（2）石灰乳。石灰乳對一般病原體具有殺滅作用，但對芽孢和分枝桿菌無效。10%～20%的石灰乳主要用於圈舍牆壁、地面、糞渠、汙水溝和外部環境消毒；也可用1kg生石灰加350mL水製成粉末，撒布在陰濕地面、糞池周圍及汙水溝等處進行消毒。由於石灰乳可吸收空氣中的二氧化碳生成碳酸鈣，在使用石灰乳時，應現用現配，以免失效浪費。

2. 酸類消毒劑 酸類消毒劑包括無機酸和有機酸。無機酸的殺菌作用取決於離解的氫離子。高濃度的氫離子可使菌體蛋白質變性、沉澱或水解，從而殺死繁殖型微生物與芽孢。有機酸的殺菌作用取決於不電離的分子透過細菌的細胞膜而對其起殺滅作用。

（1）硼酸。0.3%～0.5%的硼酸用於黏膜消毒。

（2）乳酸。20%的乳酸溶液在密閉室內加熱蒸發30～90min，用於空氣消毒。

（3）醋酸。醋酸與等量的水混合，按5～10mL/m³的用量加熱蒸發，用於空氣消毒；沖洗口腔時常用濃度是2%～3%。

3. 醇類消毒劑 能使菌體蛋白凝固和脫水，且能溶解細胞膜中的脂質。乙醇是應用最廣泛的皮膚消毒劑，常用濃度為75%。乙醇可殺滅一般的病原體，但不能殺死芽孢，對病毒效果也差。

4. 酚類消毒劑 能損害菌體細胞膜，較高濃度時可使菌體蛋白變性。

（1）石炭酸（苯酚）。可殺滅細菌繁殖體，但對芽孢無效，對病毒效果差。主要用於環境地面、排泄物消毒，常用濃度為2%～5%。本品有特殊臭味，不適於肉、蛋的運輸車輛及儲藏肉蛋的倉庫消毒。

（2）來蘇兒（煤酚皂液、甲酚皂液）。比苯酚抗菌作用強，能殺滅細菌的繁殖體，但對芽孢的作用差。主要用於外部環境、排泄物、物品消毒，常用濃度為3%～5%；若用於皮膚消毒，則濃度為2%～3%。由於本品有臭味，不能用於肉品、蛋品的消毒。

(3) 複合酚（又名農樂，含酚 41%～49%、醋酸 22%～26%）。抗菌譜廣，能殺滅細菌、真菌和病毒，對多種寄生蟲卵亦有殺滅作用，穩定性好、安全性高。主要用於外部環境、排泄物、圈舍以及籠具等用品的消毒，常用濃度為 0.5%～1%；若用於燻蒸消毒，則用量為 $2g/m^3$。

5. 氧化劑類消毒劑　遇到有機物釋放出初生態氧，破壞菌體蛋白或細菌的酶系統，分解後產生的各種自由基能破壞微生物的通透性屏障，最終導致微生物的死亡。

(1) 過氧乙酸（過醋酸）。對絕大多數病原體和芽孢均有殺滅作用。可用於環境、用品、空氣及圈舍帶動物消毒，但不能對金屬和橡膠製品進行消毒。圈舍帶動物噴霧消毒時的常用濃度為 0.2%～0.3%，用量為 20～30mL/m^3；耐酸塑膠、玻璃、搪瓷製品消毒時的常用濃度為 0.2%；環境地面消毒時的常用濃度為 0.5%；用品浸泡消毒時的常用濃度為 0.2%；密閉的實驗室、無菌室、倉庫加熱燻蒸消毒時的常用濃度為 15%，用量為 7mL/m^3。

過氧乙酸性質不穩定，需低溫避光保存，要求現用現配。

(2) 高錳酸鉀。用於物品消毒時，常用濃度為 0.1%；用於皮膚消毒時，常用濃度為 0.1%；用於黏膜消毒時，常用濃度為 0.01%；殺滅芽孢所需濃度為 2%～3%。

(3) 過氧化氫（雙氧水）。過氧化氫在接觸傷口創面時，分解迅速，產生大量初生態氧，形成大量氣泡，可將創腔中的膿塊和壞死組織排出。主要用於清洗化膿創傷，常用濃度為 1%～3%，有時也用 0.3%～1% 的過氧化氫沖洗口腔黏膜。

6. 鹵素類消毒劑　容易滲入細胞內，對蛋白產生鹵化和氧化作用。

(1) 漂白粉。主要成分為次氯酸鈣，有效氯含量一般為 25%～32%，但有效氯易散失。本品應密閉保存，置於乾燥、通風處。在妥善保存的條件下，有效氯每月損失 1%～3%，當有效氯低於 16% 時失去消毒作用。漂白粉遇水產生次氯酸，其不穩定，易離解產生氧原子和氯原子，對各類病原體均有殺滅作用。可用於環境、地面、排泄物、物品的消毒，常用濃度為 5%；將乾粉劑與糞便以 1∶5 的比例均勻混合，可進行糞便消毒；殺滅芽孢所需濃度為 10%～20%。

次氯酸鈣在酸性環境中殺滅力強，在鹼性環境中殺滅力弱。

(2) 84 消毒液。主要成分為次氯酸鈉，有效氯含量 5.5%～6.5%，可殺滅各類病原體。用於用具、白色衣物、汙染物的消毒時，常用濃度為 0.3%～0.5%；用於入孵種蛋消毒時，常用濃度為 0.000 2%；圈舍帶動物氣霧消毒時的常用濃度為 0.3%，用量為 50mL/m^3。

(3) 氯胺。含有效氯 24%～25%，性質較穩定，易溶於水且刺激性小。氯胺殺菌譜廣，對各類病原體都有殺滅作用，用於飲水消毒時濃度為 0.000 4%；用於物品消毒時濃度為 0.5%～1%；用於環境地面、排泄物消毒時濃度為 3%～5%。

(4) 二氯異氰尿酸鈉（優氯淨、消毒靈）。本品為廣譜高效安全消毒劑，遇水產生次氯酸，對各類病原體均有殺滅作用。用於飲水消毒時濃度為 0.000 4%；用於物品浸泡消毒時濃度為 0.5%～1%；用於圈舍帶動物氣霧消毒時的常用濃度為 0.5%，用量為 30mL/m^3；用於環境、地面、排泄物消毒時濃度為 3%～5%；殺滅芽孢所需濃度為 5%～10%。

(5) 二氧化氯（超氯、消毒王）。本品具有安全、高效、殺菌譜廣、不易產生抗藥性、無殘留的特點，是新一代環保型消毒劑。適用於圈舍、空氣、器具、飲水和帶

動物消毒。用於飲水消毒時濃度為0.000 1%～0.000 2%；用於圈舍帶動物氣霧消毒時的濃度為0.005%，用量為30mL/m³；用於環境、物品、圈舍地面消毒時濃度為0.025%～0.05%。

（6）碘酊。用於皮膚消毒，常用濃度為含碘2%～5%。

（7）碘甘油。用於黏膜消毒，常用濃度為含碘1%。

（8）碘附。是碘與表面活性劑的不定型絡合物，主要劑型為聚乙烯吡咯烷酮碘和聚乙烯醇碘等，比碘殺菌作用強。用於皮膚消毒時，濃度為0.5%；用於飲水消毒時，濃度為0.001 2%～0.002 5%；用於物品浸泡消毒時，濃度為0.05%。

7. 表面活性劑 季銨鹽類消毒劑為最常用的陽離子表面活性劑，它吸附於細胞表面，溶解脂質，改變細胞膜的通透性，使菌體內的酶和中間代謝產物流失，造成病原體代謝過程受阻而呈現殺菌作用。

（1）苯扎溴銨（新潔爾滅）。單鏈季銨鹽類陽離子表面活性消毒劑，不能與陰離子表面活性劑（肥皂、合成類洗滌劑）合用。本品對化膿菌、腸道菌及部分病毒有較好的殺滅作用，對分枝桿菌及真菌的效果較弱，對芽孢作用差，對革蘭陽性菌的殺滅能力比革蘭氏陰性菌強。用於黏膜、創面消毒時，濃度為0.01%；用於手浸泡消毒時，濃度為0.05%～0.1%；用於種蛋的浸泡消毒時，濃度為0.1%。

（2）醋酸氯己定（洗必泰）。單鏈季銨鹽類陽離子表面活性消毒劑，不能與陰離子表面活性劑（肥皂、合成類洗滌劑）合用。用於創面或黏膜消毒時，濃度為0.01%～0.02%；用於手消毒時，濃度為0.02%～0.05%。

（3）癸甲溴銨（百毒殺）。為雙鏈季銨鹽類表面活性劑。本品無臭、無刺激性，且性質穩定，不受環境因素及水質的影響，對細菌有強大殺滅作用，但對病毒的殺滅作用弱。0.002 5%～0.005%溶液用於飲水消毒和預防水塔、水管、飲水器汙染；0.015%溶液可用於舍內、環境噴灑或設備器具浸泡消毒。

8. 揮發性烷化劑 本品能與菌體蛋白和核酸的胺基、羥基、巰基發生反應，使蛋白質變性、核酸功能改變，能殺死細菌及其芽孢、病毒和真菌。

（1）環氧乙烷。本品有毒、易爆炸，主要用於皮毛、皮革的燻蒸消毒，按0.4～0.8kg/m³用量，維持12～48h，環境空氣相對濕度需在30%以上。

（2）福馬林。是36%～40%甲醛水溶液，具有很強的消毒作用，對一般病原體及芽孢均具有殺滅作用，廣泛用於防腐消毒。用於噴灑地面、牆壁時，常用濃度為2%～4%；與高錳酸鉀混合用作圈舍燻蒸消毒時，混合比例是14mL/m³ 福馬林加入7g/m³ 高錳酸鉀，如汙染嚴重用量可加倍。本品對皮膚、黏膜刺激強烈，可引起支氣管炎，甚至窒息，使用時要注意人和動物安全。

（3）聚甲醛。為甲醛的聚合物，具有甲醛特臭的白色鬆散粉末，常溫下可緩慢解聚釋放甲醛，加熱至80～100℃時迅速產生大量的甲醛氣體，呈現強大的殺菌作用。主要用於圈舍、孵化室、出雛室、出雛器等燻蒸消毒，用量為3～5g/m³，消毒時室溫應在18℃以上，空氣相對濕度在80%～90%。

9. 染料類 本品刺激性小，一般消毒濃度對組織無損害，可分為鹼性染料和酸性染料。鹼性染料對革蘭陽性菌有選擇作用，在鹼性環境中殺菌力強；酸性染料對革蘭氏陰性菌有特殊親和力，在酸性環境中殺菌效果好。一般來說鹼性染料比酸性染料殺菌作用強。

（1）甲紫（龍膽紫、結晶紫）。是鹼性染料，對革蘭陽性菌殺菌力較強。用於皮膚或黏膜創面消毒時，濃度為1%～2%；用於燒傷治療時，濃度為0.1%～1%。

（2）乳酸依沙吖啶（利凡諾、雷佛奴爾）。鹼性染料，對革蘭陽性菌及少數革蘭氏陰性菌有較強的殺滅作用，對球菌尤其是鏈球菌的殺菌作用較強。用於各種創傷、滲出、糜爛的感染性皮膚病及傷口沖洗，濃度為0.1%～0.2%。

（二）影響消毒劑作用的因素

消毒劑的殺菌作用不僅取決於藥物的理化性質，還受許多相關因素的影響。

1. 消毒劑的濃度 一般說來，消毒劑的濃度和消毒效果成正比。也有的當濃度達到一定程度後，消毒藥的效力就不再增高，如75%的乙醇殺菌效果要比95%的乙醇好。因此，在使用中應選擇有效和安全的殺菌濃度。

2. 消毒劑的作用時間 一般情況下，消毒劑的效力與作用時間成正比，與病原體接觸並作用的時間越長，其消毒效果就越好。

3. 病原體對消毒劑的敏感性 不同的病原體和處於不同狀態的同一種病原體，對同一種消毒劑的敏感性不同。如病毒對鹼類消毒劑很敏感，對酚類消毒劑有抵抗力；適當濃度的酚類消毒劑對繁殖型細菌殺滅效力強，對芽孢殺滅效力弱。

4. 溫度、濕度 消毒劑的殺菌力與環境溫度成正相關，溫度增高，殺菌力增強；空氣濕度對甲醛燻蒸消毒作用有明顯的影響。

5. 酸鹼度 環境或組織的pH對有些消毒劑的作用影響較大。如新潔爾滅、洗必泰等陽離子消毒劑，在鹼性環境中殺菌作用強；石炭酸、來蘇兒等陰離子消毒劑在酸性環境中的殺菌效果好；含氯消毒劑在pH達5～6時，殺菌活性最強。

6. 消毒物品表面的有機物 消毒物品表面的有機物與消毒劑結合形成不溶性化合物，或者將其吸附、發生化學反應或對微生物起機械性保護作用。因此消毒藥物使用前，消毒場所應先進行充分的機械性清掃，消毒物品應先清除表面的有機物，需要處理的創傷應先清除膿汁。

7. 水質硬度 硬水中的Ca^{2+}和Mg^{2+}能與季銨鹽類消毒劑、碘附等結合成不溶性鹽，從而降低消毒效力。

8. 消毒劑間的拮抗作用 有些消毒劑由於理化性質不同，二者合用時，可能產生拮抗作用，使藥效降低。如陰離子表面活性劑肥皂與陽離子表面活性劑苯扎溴銨共用時，可發生化學反應而使消毒效果減弱，甚至完全消失。

（三）消毒劑的使用方法

在生產實踐中，要獲得良好的消毒效果，需要根據不同的消毒對象和消毒劑，選擇不同的使用方法。

1. 浸洗法 選用殺菌譜廣、腐蝕性弱、水溶性消毒劑，將器械、用具、衣物等物品完全浸沒於消毒劑內，在標準的濃度和時間裡達到消毒滅菌目的。物品浸泡前應洗滌乾淨，如器械、用具和衣物的浸泡消毒，養殖場通道口消毒池對靴鞋的消毒等。

2. 擦拭法 選用易溶於水、穿透性強、無顯著刺激的消毒劑，擦拭物品表面或皮膚。如注射部位用酒精、碘酊棉球擦拭消毒。

3. 噴灑法 將消毒液全面均勻地噴灑到消毒物品表面。如用細眼噴壺噴灑對地面、牆壁和舍內固定設備等消毒，用噴霧器對地面消毒等。

4. 燻蒸法 消毒液透過揮發，散布於整個空間，達到消毒目的。常用福馬林、過氧乙酸、複合酚等對密閉的圈舍和飼料倉庫等進行消毒。此法簡便、省力，消毒全面徹底。

5. 氣霧法 消毒藥倒入氣霧發生器後，噴射出的霧狀微粒飄移到圈舍的整個空間和所有空隙，是消滅空氣中及動物體表面病原體的理想方法。如圈舍的帶動物消毒可用0.3%的過氧乙酸噴霧消毒，用量為20～30mL/m³。

6. 拌合法 將消毒劑與排泄物等拌和均勻，堆放一定時間，就能達到消毒目的。如將漂白粉與糞便按1：5混勻，可用於糞便的消毒。

7. 撒布法 將消毒藥粉劑均勻地撒布在消毒對象表面。如用生石灰撒布在潮濕地面、糞池周圍進行消毒。

四、不同對象的消毒

1. 養殖場通道口消毒 外來車輛、物品、人員可能帶入病原體，由場外進入場區或由生活區進入生產區，要進行消毒。

（1）車輛消毒。場區及生產區入口必須設置與門同寬，長4m、深0.3m以上的消毒池，其上方最好建有頂棚，防止雨淋日曬。池內放入2%～4%氫氧化鈉溶液，每週定時更換，冬天可加8%～10%的食鹽防止結冰。

有條件的在場區及生產區入口處設置噴霧裝置，對車輛表面進行消毒。可用0.1%的百毒殺或0.1%的新潔爾滅。

（2）人員消毒。場區及生產區入口設置消毒室，室內安裝紫外線燈，設置腳踏消毒池，內放2%～4%氫氧化鈉溶液。入場人員要更換鞋靴、工作服等，如有條件安裝淋浴設備，洗澡後再進入，效果更佳。每棟圈舍入口還需設腳踏消毒池，進舍工作人員的靴鞋需在消毒液中浸泡1min，並進行洗手消毒方可進入圈舍。

2. 場區環境消毒 平時做好場區環境的衛生清掃工作，及時清除垃圾，定期使用高壓水沖洗路面和其他硬化區域，每週用0.2%～0.5%過氧乙酸或2%～4%氫氧化鈉溶液對場區進行1～3次環境消毒。

3. 汙染地面、土壤的消毒 患病動物停留過的圈舍、運動場地面等被一般病原體汙染時，用0.2%～0.5%過氧乙酸、2%～4%氫氧化鈉溶液或3%～5%二氯異氰尿酸鈉溶液噴灑消毒。被芽孢汙染的土壤，需用5%～10%氫氧化鈉溶液或5%～10%二氯異氰尿酸鈉溶液噴灑地面。若為炭疽等芽孢桿菌汙染時，剷除的表土與漂白粉按1：1混合後深埋，地面以5kg/m²漂白粉撒布；若水泥地面被炭疽等芽孢桿菌汙染，則用10%氫氧化鈉溶液噴灑。

4. 空圈舍消毒 動物出欄後，圈舍已經嚴重汙染，再次飼養動物之前，必須空出一定時間（15d或更長時間），進行全面徹底的消毒。

（1）機械清除。對頂棚、牆壁、地面進行徹底打掃，將垃圾、糞便、墊草和其他各種汙物全部清除，焚燒或生物熱消毒處理。

（2）淨水沖洗。飼槽、飲水器、圍欄、籠具、網床等設施用水洗刷乾淨；最後用高壓水沖洗地面、糞槽、過道等，待晾乾後用化學法消毒。

（3）藥物噴灑。常用0.2%～0.5%過氧乙酸、20%石灰乳、3%～5%二氯異氰尿酸鈉溶液或2%～4%氫氧化鈉溶液等噴灑消毒。地面消毒液用量800～1 000mL/m²，

舍內其他設施200~400mL/m²。為了提高消毒效果，應使用2種或以上不同類型的消毒藥進行2~3次消毒。每次要等地面和物品乾燥後進行下次消毒。必要時，對耐燃物品還可使用酒精或煤油噴燈進行火焰消毒。

（4）燻蒸消毒。常用福馬林和高錳酸鉀燻蒸。用量為每立方公尺空間25mL福馬林、12.5mL水和12.5g高錳酸鉀，若汙染嚴重用量可加倍。圈舍密閉24h後，通風換氣，待無刺激性氣味後，方可飼養動物。

5. 圈舍帶動物消毒 圈舍帶動物消毒除了對舍內環境的消毒，還包括動物體表的消毒。動物體表可攜帶多種病原體，尤其動物在換羽、脫毛期間，羽毛可成為一些疫病的傳染媒介，定期對圈舍和動物體表進行消毒，對預防一般疫病的發生有一定作用，在疫病流行期間採取此項措施意義更大。消毒時應選用對皮膚、黏膜無刺激性或刺激性較小的消毒劑用噴霧法消毒，可殺滅動物體表和圈舍內多種病原體。常用消毒劑有0.015%百毒殺、0.1%新潔爾滅、0.2%~0.3%過氧乙酸和0.2%~0.3%次氯酸鈉溶液等。

此外，每天要清除圈舍內的排泄物和其他汙物，保持飼槽、水槽、用具清潔衛生，每天最少清洗消毒一次，可用0.1%~0.2%過氧乙酸或0.5%~1%二氯異氰尿酸鈉溶液。

6. 動物產品外包裝消毒 動物產品外包裝物品和用具可將各種病原體帶入場區，因此必須對其進行嚴格消毒。

（1）塑膠包裝製品消毒。先用自來水洗刷，除去表面汙物，乾燥後再放入0.2%過氧乙酸或1%~2%氫氧化鈉溶液中浸泡10~15min，取出用自來水沖洗，乾燥後備用。也可在專用消毒房間用5%過氧乙酸噴霧消毒，噴霧後密閉1~2h。

（2）金屬製品消毒。先用自來水刷洗乾淨，乾燥後可用火焰消毒，或用3%~5%二氯異氰尿酸鈉溶液噴灑，對染疫製品要反覆消毒2~3次。

（3）木箱、竹筐等的消毒。因其耐腐蝕性差，通常採用燻蒸消毒。用福馬林42mL/m³燻蒸2~4h或更長時間。染疫的此類製品，可焚燒處理。

7. 運載工具消毒 車、船、飛機等運載工具，活動範圍廣，接觸病原體的機會多，受到汙染的可能性大，是重要的傳染媒介。運載工具裝前和卸後必須進行消毒。先將汙物清除，洗刷乾淨，然後用0.5%~1%二氯異氰尿酸鈉溶液、2%~4%氫氧化鈉溶液、0.5%過氧乙酸等噴灑消毒，消毒後用清水洗刷一次，用清潔抹布擦乾。

車輛密封車廂和集裝箱，可用福馬林燻蒸消毒，其方法和要求同圈舍消毒。

五、消毒效果檢查

生產實踐中，消毒效果受到多種因素的影響，因此消毒後應及時進行消毒效果檢查。

1. 清潔程度的檢查 檢查地面、牆壁、設備及圈舍的清掃情況，要求乾淨、無死角。

2. 消毒劑正確性的檢查 查看消毒工作記錄，了解選用消毒劑的種類、濃度、用法及用量。要求選用消毒劑符合消毒對象的要求，方法正確，濃度和用量適宜。

3. 實驗室檢查 消毒效果可以透過殺菌率判定。透過計算消毒前後的菌落數，得出殺菌率。一般殺菌率達到 99.9% 為消毒合格，有的以消毒後無致病菌為合格標準。

任務二 動物糞汙的處理

畜禽養殖業在為市場提供大量畜禽產品的同時，也產生了大量糞尿、汙水、墊料等養殖生產廢棄物，嚴重汙染環境。糞汙中含有多種病原體，染疫動物糞汙中病原體的含量更高。若糞汙不加處理任意排放，勢必影響人們的生活和身體健康。因此，及時正確地做好糞汙的處理，對切斷疫病傳染途徑、維護公共衛生安全及資源化利用具有重要意義。

一、動物糞汙的銷毀

烈性動物疫病病原體或能生成芽孢的病原體汙染的糞汙，要做銷毀處理，不能進行資源化利用。

1. 焚燒 糞便可直接與垃圾、墊草和柴草混合置入焚燒爐中進行焚燒。如沒有焚燒爐，可在地上挖一寬 75～100cm、深 75cm 的坑（長度視糞便多少而定），在距坑底 40～50cm 處加一層鐵梁，梁下放燃料，梁上放欲焚燒的糞便。如糞便太濕，可混一些乾草，以便燒燬。

2. 掩埋 選擇遠離生產區、生活區及水源的地方，用漂白粉或生石灰與糞便按 1∶5 混合，然後深埋於地下 2m 左右。

二、動物糞汙的資源化利用

（一）自然發酵

厭氧發酵是傳統的糞汙處理方法。

1. 堆糞法 選擇與人、畜居住地保持一定距離且避開水源處，在地面挖一深 20～25cm 的長形溝或圓形坑，溝的寬窄長短、坑的大小視糞便量的多少自行設定。先在底層鋪 25cm 厚的麥草、穀草、稻草等，再在上面堆放糞便，高 1～1.5m，最外層抹上 10cm 厚草泥或包塑膠薄膜密封。應注意糞便的乾濕度，含水量在 50%～70% 之間為宜。發酵時間冬季不短於 3 個月，夏季不短於 3 週，即可作肥料用。此方法主要適用於各類中小型畜禽養殖場和散養戶固體糞便的處理。

2. 發酵池法（氧化塘） 選擇發酵池地點的要求與堆糞法相同。坑池的數量和大小視糞便的多少而定，內壁做防滲處理。糞汙池內發酵 1～3 個月即可出池還田。主要適用於各類中小型畜禽養殖場和散養戶固液體糞便的處理。

（二）墊料發酵床

墊料發酵床是將發酵菌種與稭稈、鋸末、稻殼等混合後製成有機墊料，將有機墊料置於特殊設計的圈舍內，動物生活在有機墊料上，其糞便能夠與有機墊料充分混合，有機墊料中的微生物對糞便進行分解形成有機肥。主要適用於中小型養豬場、肉鴨養殖場等。

（三）有機肥生產

有機肥生產主要是採用好氧堆肥發酵。好氧堆肥發酵是在有氧條件下，依靠好氧微生物的作用使糞便中有機物質穩定化的過程。好氧堆肥有條堆、靜態通氣、槽式、容器等4種堆肥形式。堆肥過程中可透過調節碳氮比、控制堆溫、通風、添加沸石和採用生物過濾床等技術進行除臭。主要適用於各類大型養殖場、養殖密集區和區域性有機肥生產中心對固體糞便的處理。

1. 動態條堆式堆肥 是將糞便堆積成窄長條堆，堆的斷面為梯形或三角形，採用機械或人工進行定期翻堆的方法，實現堆體中的有氧狀態和控制溫度。

條堆的高度一般在1.2～1.5m；條堆的底部寬度在3～5m；條堆的頂部寬度在3～5m。條堆的長度由當天的糞便產量決定。一般在30d左右畜禽糞便可以充分發酵完畢，形成有機肥。

該方法生產工藝簡單，成本較低；堆肥產品腐熟度較高，產品品質較為穩定；堆肥水分散發較快，易於乾燥。但是也有一些缺點：堆肥條堆需要較大的場地空間；腐熟時間較長；翻堆需要機械和人力投入；翻堆會散發臭味，造成環境汙染。

2. 靜態通氣條堆式堆肥 在堆肥過程中不進行翻堆，透過鼓風機和埋在地下的通風管道向堆體內通風來保證堆體內的有氧狀態。通風不僅為微生物分解有機物供氧，同時也排除堆體內的二氧化碳和氨氣等氣體，並蒸發水分使堆體散熱，保持適宜的發酵溫度。

與動態條堆堆肥相比，通氣靜態堆肥能夠更好地控制溫度和通氣情況，因而也就能更有效地殺滅病原菌和控制臭味。而且由於發酵條件控制較好，通氣靜態堆系統堆腐時間相對較短，一般為2～3週，因此填充料的用量少，占地面積也相對較小。但由於通風靜態堆系統大多是露天進行的，易受天氣條件的影響。

3. 槽式堆肥 槽深在1.2m左右，槽寬度一般在10～16m，槽長度由廠房和糞便量決定。槽的一端封閉，另一端敞開，將原料加菌種配製混合後，堆於槽內，每天翻拌1～2次，以解決透氣和控溫，20d左右即成有機肥。

4. 發酵倉堆肥 是將糞便放入部分或全部封閉的容器（發酵倉系統）內，透過控制通風和水分條件，使糞便進行生物降解和轉化。一般經過10～12d，畜禽糞便可以充分發酵完畢，形成有機肥。發酵倉系統的分類方法很多，按物料的流向可劃分為豎直流向反應器和水平流向反應器。豎直流向反應器包括攪動固定床式和包裹倉式，水平流向反應器包括旋轉倉式和攪動倉式。

該方法堆肥週期相對較短，堆肥設備占地面積小，產品品質高，堆肥過程不會受天氣條件的影響，能夠對廢氣進行統一的收集處理，防止對環境的二次汙染，而且可以對熱量進行回收再利用。但設備投資高，運行費用及維護費用也很高。

（四）沼氣工程

沼氣工程是指在厭氧條件下透過微生物作用將畜禽糞汙中的有機物轉化為沼氣的技術（圖3-1）。適用於大型畜禽養殖場、區域性專業化集中處理中心。

養殖場畜禽糞便、尿液及其沖洗汙水經過預處理後進入厭氧反應器，經厭氧發酵產生沼氣、沼渣和沼液。沼氣經脫硫、脫水後可透過發電、直燃等方式實現利用，沼液、沼渣等可作為農用肥料回田。

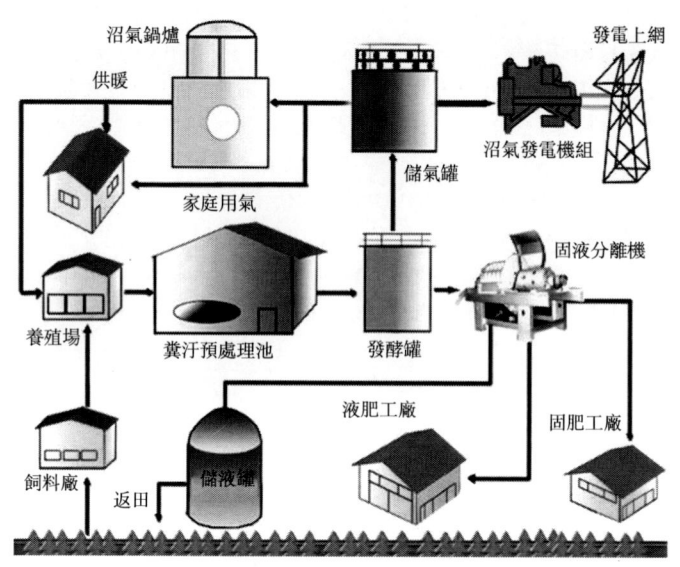

圖 3-1 沼氣工程流程

任務三　殺蟲、滅鼠的實施

一、殺蟲

虻、蠓、蚊、蠅、蜱、虱、蟎等節肢動物透過生物性方式（如叮、咬、吸血）或機械性方式傳染多種疫病，是重要的傳染媒介。殺滅這些媒介昆蟲和防止牠們的出現，在消滅傳染源、切斷傳染途徑、保障人和動物健康等方面具有十分重要的意義。殺蟲包括物理法、生物法、藥物法等。

1. 物理殺蟲法

（1）機械地拍打、捕捉。能消滅部分昆蟲，不適合畜禽養殖場應用。

（2）火焰燒灼。昆蟲常聚居的牆壁、用具的縫隙以及垃圾等廢物可用噴燈火焰燒灼。

（3）沸水燙煮。用沸水可殺滅畜禽用具、工作人員衣物、寵物玩具以及服飾品上的昆蟲。

2. 生物殺蟲法　是利用昆蟲的天敵或病菌以及雄蟲絕育技術來控制昆蟲繁殖等辦法消滅昆蟲。如用輻射使雄蟲絕育；用過量激素抑制昆蟲的變態或蛻皮；利用微生物感染昆蟲，影響其生殖或使其死亡。這些方法不造成公害，不產生抗藥性，行之有效，已日益受到重視。

3. 藥物殺蟲法　主要是應用化學殺蟲劑來殺蟲，根據殺蟲劑對節肢動物的毒殺作用可分為胃毒作用藥劑（敵百蟲）、觸殺作用藥劑（除蟲菊）、燻蒸作用藥劑（敵敵畏）和內吸作用藥劑（倍硫磷）。

胃毒作用藥劑是透過節肢動物攝食，在其腸道內顯出毒性作用，使其中毒而死。觸殺作用藥劑可透過直接和蟲體接觸，經昆蟲體表進入體內使其中毒，或將其氣門閉

第三章　動物疫病防控措施

塞使之窒息而死。燻蒸作用藥劑可透過蟲體的氣門、氣管、微氣管被吸入其體內而死亡。內吸作用藥劑可噴於土壤或植物表面，能被植物所吸收並分布於整個植物體，昆蟲在攝取含有藥物的植物組織或汁液後，發生中毒死亡。

大多數殺蟲劑主要以觸殺作用為主，兼有胃毒或內吸作用。常用的殺蟲劑有以下幾種。

(1) 擬除蟲菊酯類殺蟲劑。是模擬除蟲菊花素由人工合成的一類殺蟲劑，具有廣譜、高效、擊倒快、殘效短、毒性低、用量小等優點，是當前使用最多的殺蟲劑。

①胺菊酯。對昆蟲的擊倒作用極快，舍內使用 0.3% 的胺菊酯油劑噴霧，按 $0.1\sim0.2\text{mL/m}^3$ 用量，蚊、蠅在 15～20min 全部被擊倒，12h 全部死亡。

②氯菊酯。對蚊、蠅、蟑螂以及多種農業害蟲均有極好的殺滅作用，對人畜幾乎無毒，無刺激性。產品有乳油、粉劑、噴射劑、氣霧劑等。5g/m^3 的空間噴霧，可殺滅蚊、蠅；0.25% 的噴霧劑、0.5% 的粉劑可滅蟑螂；0.5% 的粉劑、2% 的液劑可滅虱。

③溴氰菊酯。對昆蟲有很強的觸殺和胃毒作用，作用持續時間長。主要產品有 2.5% 的可濕性粉劑和 2.5% 的懸浮劑等。0.025g/m^2 滯留噴灑可殺滅蚊、蠅、臭蟲和蟎；0.05% 溶液噴霧可殺滅蟑螂。

(2) 胺基甲酸酯類殺蟲劑。主要的作用機制是抑制膽鹼酯酶的活性，阻斷神經傳導，引起整個生理生化過程的失調，使害蟲死亡。具有低毒、速效、擊倒快、殘留量低的特點。常用的有噁蟲威、殘殺威，劑型有氣霧劑、粉劑、懸浮劑等，可防治蚊、蠅、蚤、臭蟲、蟑螂、蜱、蟎等害蟲。

(3) 昆蟲生長調節劑。可阻礙或干擾昆蟲正常生長發育而致其死亡，不汙染環境，對人畜無害。目前應用的有保幼激素和發育抑制劑，前者主要具有抑制幼蟲化蛹和蛹羽化的作用，後者抑制表皮基丁化，阻礙表皮形成，導致蟲體死亡。

(4) 驅避劑。常用的有鄰苯二甲酸甲酯、避蚊胺等。製成液體、膏劑或冷霜，直接塗布皮膚；製成浸染劑，浸染衣服、紡織品、家畜耳標和項圈、防護網等；製成乳劑，噴塗門窗表面。

二、滅鼠

鼠類是很多人和動物疫病的傳染媒介和傳染源，牠可以傳染的疫病有炭疽、鼠疫、布魯氏菌病、結核病、兔熱病、李氏桿菌病、鉤端螺旋體病、假性狂犬病、口蹄疫、豬瘟、豬丹毒、巴氏桿菌病、衣原體病和立克次體病等。因此，滅鼠在防控人和動物疫病方面具有很重要的意義。

滅鼠工作應從兩個方面進行：一方面根據鼠類的生態特點防鼠、滅鼠，從圈舍建築著手，使鼠無處覓食和無藏身之處。例如，保持圈舍及周圍地區的整潔，及時清除飼料殘渣；保證牆基、地面、門窗的堅固，及時堵塞鼠洞等。另一方面，則採取各種方法直接殺滅鼠類。常用的滅鼠方法有以下三種。

1. 器械滅鼠法　利用物理原理製成各種滅鼠工具殺滅鼠類，如關、籠、夾、壓、箭、扣、套、黏、堵（洞）、挖（洞）、灌（洞）、翻（草堆）以及現代的多種電子、智慧捕鼠器等。此類方法可就地取材，簡便易行。使用鼠籠、鼠夾之類工具捕鼠，應注意誘餌的選擇，布放的方法和時間。誘餌以鼠類喜吃的為佳。捕鼠工具應放在鼠類

經常活動的地方，如牆腳、鼠的走道及洞口附近。放鼠夾應離牆 6～9cm，與鼠道成「丁」字形，鼠夾後端可墊高 3～6cm。晚上放，早晨收，並應斷絕鼠糧。

2. 藥物滅鼠法　利用化學毒劑殺滅鼠類，滅鼠藥物包括殺鼠劑、絕育劑和驅鼠劑等，以殺鼠劑（殺鼠靈、安妥、敵鼠鈉鹽）使用最多。應用此法滅鼠時一定注意不要使畜禽接觸到滅鼠藥物，防止誤食而發生中毒。

3. 生態滅鼠法　利用鼠類天敵捕食鼠類，如利用貓捕鼠，但應該注意貓也會傳染一些疫病，不適合進入圈舍。

任務四　免疫接種的實施

免疫接種是透過給動物接種疫苗、類毒素或免疫血清等生物製品，激發動物機體產生特異性抵抗力，使易感動物轉化為非易感動物的一種手段。在防控疫病的諸多措施中，免疫接種是一種經濟、方便、有效的手段，是貫徹「預防為主，預防與控制、淨化、消滅相結合」方針的重要措施。

一、免疫接種的分類

根據免疫接種的時機和目的不同，其可分為預防免疫接種、緊急免疫接種和臨時免疫接種。

1. 預防免疫接種　為預防疫病的發生和流行，平時有計劃地給健康動物進行的免疫接種，稱為預防接種。

預防接種要有針對性，除國家強制免疫的疫病，養殖場要根據本地區及本場的實際情況擬定合理的預防接種計劃。

2. 緊急免疫接種　在發生疫病時，為了迅速控制和撲滅疫情，而對疫區和受威脅區內尚未發病的動物進行應急性免疫接種，稱為緊急免疫接種。其目的是建立「免疫帶」以包圍疫區，阻止疫病向外傳染擴散。

緊急接種常使用高免血清（或卵黃），具有安全、產生免疫快的特點，但免疫期短、用量大、價格高，不能滿足實際使用需要。有些疫病（如口蹄疫、豬瘟、雞新城病、鴨瘟、豬繁殖與呼吸症候群等）使用疫苗緊急接種，也可取得較好的效果。緊急接種必須與疫區的隔離、封鎖、消毒等防疫措施配合實施。

用疫苗緊急接種時僅用於尚未發病的動物，對發病動物及可能感染的處於潛伏期的動物，應該在嚴格消毒的情況下隔離，不能接種疫苗。由於外表無症狀的動物群中可能混有處於潛伏期的動物，這部分動物接種疫苗後不能獲得保護，反而促使牠更快發病，因此在緊急接種後的一段時間內可能出現發病動物增多的現象，但疫苗接種後很快產生抵抗力，發生率不久即可下降，最終平息疫病流行。

3. 臨時免疫接種　臨時為避免某些疫病發生而進行的免疫接種，稱臨時免疫接種。如引進、外調、運輸動物時，為避免途中或到達目的地後發生某些疫病而臨時進行的免疫接種。又如動物手術前、受傷後，為防止發生破傷風，而進行的臨時免疫接種。

二、疫苗的類型

疫苗是利用病原微生物、寄生蟲及其組分或代謝產物製成的，用於人工主動免疫

的生物製品。已有的疫苗概括起來分為活疫苗、不活化疫苗、代謝產物和亞單位疫苗以及生物技術疫苗。其中生物技術疫苗又分為基因工程亞單位疫苗、合成肽疫苗、抗獨特型疫苗、DNA疫苗以及基因工程活疫苗。

（一）活疫苗

活疫苗簡稱活苗，有強毒苗、弱毒苗和異源苗三種。

1. 強毒苗 是應用最早的疫苗種類，如中國古代民間預防天花所使用的痂皮粉末就含有強毒。使用強毒進行免疫有較大的危險，免疫的過程就是散毒的過程，所以現在嚴禁在生產中應用。

2. 弱毒苗 是指透過人工誘變使病原微生物毒力減弱，但仍保持良好的免疫原性而製成的疫苗，或篩選自然弱毒株，擴大培養後製成的疫苗。是目前使用最廣泛的疫苗，如雞新城病Ⅱ系、Ⅳ系弱毒苗。

弱毒苗的優點：能在動物體內有一定程度的增殖，免疫劑量小，接種途徑多樣化；可刺激機體產生一定的全身免疫和局部免疫反應，免疫保護期長；不需要使用佐劑，應用成本低；有些弱毒苗可刺激機體細胞產生干擾素，對抵抗其他強毒的感染有一定意義。

弱毒苗的缺點：可能出現毒力增強、返祖現象，有散毒的可能；不易製成聯苗；運輸保存條件要求高，現多製成凍乾苗。

3. 異源苗 是用具有共同保護性抗原的不同種病毒製成的疫苗。例如用火雞疱疹病毒（HVT）疫苗預防雞馬立克病，用鴿痘病毒疫苗預防雞痘等。

（二）不活化疫苗

不活化疫苗是選用免疫原性強的病原微生物經人工培養後，用理化方法將其去活化而保留免疫原性所製成的疫苗。

不活化疫苗的優點：研製週期短，使用安全，容易製成聯苗或多價苗。

不活化疫苗的缺點：不能在動物體內增殖，使用劑量大；不產生局部免疫，引起細胞介導免疫的能力弱；免疫力產生較遲，不適於緊急免疫接種；需加佐劑以增強免疫效果，只能注射免疫。

（三）代謝產物疫苗

代謝產物疫苗是利用細菌的代謝產物如毒素、酶等製成的疫苗。破傷風毒素、白喉毒素、肉毒毒素經甲醛去活化後製成的類毒素有良好的免疫原性，可作為主動免疫製劑。另外，致病性大腸桿菌腸毒素、多殺性巴氏桿菌的攻擊素和鏈球菌的擴散因子等都可用作代謝產物疫苗。

（四）亞單位疫苗

亞單位疫苗是微生物經物理和化學方法處理後，提取其保護性抗原成分製備的疫苗。微生物保護性抗原包括大多數細菌的莢膜多糖、菌毛黏附素、多數病毒的囊膜、衣殼蛋白等，以上成分經提取後即可製備不同的亞單位疫苗。此類疫苗由於去除了病原體中與激發保護性免疫無關的成分，沒有微生物的遺傳物質，因而無不良反應，使用安全，效果較好。口蹄疫、假性狂犬病、狂犬病等病毒亞單位疫苗及大腸桿菌菌毛疫苗、沙門氏菌共同抗原疫苗已有成功的應用報導。亞單位疫苗的不足之處是製備困難，價格昂貴。

（五）生物技術疫苗

生物技術疫苗是利用生物技術製備的分子水準的疫苗，包括基因工程亞單位疫苗、合成肽疫苗、抗獨特型疫苗、DNA疫苗以及基因工程活疫苗。

1. 基因工程亞單位疫苗　是用DNA重組技術，將編碼病原微生物保護性抗原的基因導入受體菌（如大腸桿菌）或真核細胞，使其在受體細胞中高效表達，分泌保護性抗原肽鏈。然後提取保護性抗原肽鏈，加入佐劑即製成基因工程亞單位疫苗。現已研製出預防腸毒素性大腸桿菌病、炭疽、鏈球菌病和牛布魯氏菌病的基因工程亞單位疫苗。

此類疫苗安全性、穩定性好，便於保存和運輸，產生的免疫反應可以與感染產生的免疫反應相區別。但因該類疫苗的免疫原性較弱，往往達不到常規疫苗的免疫水準。

2. 合成肽疫苗　是用化學合成法人工合成病原微生物的保護性多肽，並將其連接到大分子載體上，再加入佐劑製成的疫苗。合成肽疫苗的優點是可在同載體上連接多種保護性多肽或多個血清型的保護性多肽，這樣只要一次免疫就可預防幾種疫病或幾個血清型。但合成肽免疫原性一般較弱，成本昂貴。

3. 抗獨特型疫苗　是根據免疫調節網絡學說設計的疫苗。如抗豬帶絛蟲六鉤蚴獨特型抗體疫苗、兔源抗IBDV獨特型抗體疫苗等。

抗獨特型抗體可以模擬抗原物質，可刺激機體產生與抗原特異性抗體具有同等免疫效應的抗體，由此製成的疫苗稱抗獨特型疫苗或內影像疫苗。抗獨特型疫苗不僅能誘導體液免疫，亦能誘導細胞免疫，並不受主要組織相容性複合物（MHC）的限制，而且具有廣譜性，即對發生抗原性變異的病原能提供良好的保護力。但製備不易，成本較高。

4. DNA疫苗　這是一種最新的分子水準的生物技術疫苗，是將編碼保護性抗原的基因與能在真核細胞中表達的載體DNA重組，重組的DNA可直接注射（接種）到動物（如小鼠）體內，刺激機體產生體液免疫和細胞免疫。目前研製中的有禽流感H7亞型DNA疫苗、雞傳染性支氣管炎DNA疫苗、豬瘟病毒E2基因DNA疫苗等。

5. 基因工程活疫苗　是以某種非致病性病毒（株）或細菌為載體來攜帶並表達其他致病性病毒或細菌的保護性免疫抗原基因，即用基因工程方法，將一種病毒或細菌免疫相關基因整合到另一種載體病毒或細菌基因組DNA的片段中，構成重組病毒或細菌而製成的疫苗。常用的病毒載體有雞痘病毒、疱疹病毒和腺病毒。細菌活載體疫苗主要有沙門氏菌活載體疫苗、大腸桿菌活載體疫苗、卡介苗活載體疫苗等。此類疫苗具有應用劑量小、生產成本低、使用方便、安全的優點，並能同時激發體液免疫和細胞免疫，是目前生物工程疫苗研究的主要方向之一，已有多種產品成功地用於生產實踐。基因工程活疫苗包括基因缺失苗、重組活載體疫苗及非複製性疫苗三類。

（1）基因缺失疫苗。是用基因工程技術將毒株毒力相關基因切除構建的疫苗。該疫苗安全性好，不易返祖，其免疫接種與強毒感染相似，機體可對病毒的多種抗原產生免疫反應，免疫力堅實，尤其是適於局部接種，誘導產生黏膜免疫力，因而是較理想的疫苗。目前已有多種基因缺失疫苗問世，如霍亂弧菌A亞基基因中切除94%的A1基因缺失變異株，獲得無毒的活菌苗。另外，將某些疱疹病毒的TK基因切除，其毒力下降，而且不影響病毒複製及其免疫原性，成為良好的基因缺失苗。豬假性狂犬病基因缺失疫苗已商品化並普遍使用。

(2）重組活載體疫苗。是用基因工程技術將保護性抗原基因（目的基因）轉移到載體中，使之表達。痘病毒、腺病毒和疱疹病毒等都可用作載體，痘病毒的 TK 基因可插入大量的外源基因，大約能容納 25kb，而多數目的基因都在 2kb 左右。因此可在 TK 基因中插入多種病原的保護性抗原基因，製成多價苗或聯苗，國外已研製出以腺病毒為載體的 B 肝疫苗、以疱疹病毒為載體的新城病疫苗。

（3）非複製性疫苗。又稱活-死苗，與重組活載體疫苗類似，但載體病毒接種後只產生頓挫感染，不能完成複製過程，無排毒的隱患，同時又可表達目的抗原，產生有效的免疫保護。如用金絲猴痘病毒為載體，表達新城病病毒 HF 基因，用於預防新城病。

（六）多價苗和聯苗

多價疫苗簡稱多價苗，是指將細菌（或病毒）的不同血清型混合製成的疫苗，如巴氏桿菌多價苗、大腸桿菌多價苗。聯合疫苗簡稱聯苗，是指由兩種或兩種以上的細菌或病毒聯合製成的疫苗，一次免疫可達到預防幾種疾病的目的。如犬瘟熱-犬傳染性肝炎-犬細小病毒感染三聯苗、豬瘟-豬丹毒-豬肺疫三聯苗、雞新城病-產蛋下降綜合征-傳染性支氣管炎三聯苗等。

給機體接種聯苗可分別刺激機體產生多種抗體，它們可能彼此無關，也可能彼此影響。影響的結果，可能彼此促進，有利於抗體產生，也可能彼此抑制，阻礙抗體產生。同時，還要注意給機體接種聯苗可能引起嚴重的接種反應，影響機體產生抗體。因此，究竟哪些疫苗可以同時接種，哪些不能，要透過試驗來證明。

聯苗或多價苗的應用，可減少接種次數和接種動物的壓力反應，因而利於動物生產管理。

三、疫苗的運輸和保存

疫苗必須按規定的條件保存和運輸，否則會使其品質明顯下降而影響免疫效果，甚至會造成免疫失敗。一般來說，不活化疫苗要保存於 2～15℃ 的陰暗環境中，非經凍乾的活菌苗（濕苗）要保存於 4～8℃ 的冰箱中，這兩種疫苗都不應凍結保存。凍乾的弱毒苗，一般都要求低溫冷凍－15℃ 以下保存，並且保存溫度越低，疫苗病毒（或細菌）死亡越少。如豬瘟兔化弱毒凍乾苗在－15℃ 可保存 1 年，0～8℃ 保存 6 個月，25℃ 約保存 10d。有些國家的凍乾苗因使用耐熱保護劑而保存於 4～6℃。所有疫苗的保存溫度均應保持穩定，溫度高低波動大，尤其是反覆凍融，疫苗病毒（或細菌）會迅速大量死亡。馬立克病疫苗有一種細胞結合型疫苗，必須於液氮罐中保存和運輸。

疫苗運輸的理想溫度應與保存的溫度一致，在運輸疫苗時通常都達不到理想的低溫要求，因此運輸時間越長，疫苗中病毒（或細菌）的死亡率越高，如果中途轉運多次，影響就更大，生產中要注意此環節。

四、免疫接種的方法

動物免疫接種的方法很多，有皮下注射、皮內注射、肌內注射、皮膚刺種、口服、氣霧、點眼、滴鼻、塗肛等多種。在臨診實踐中，應根據疫苗的類型、疫病特點及免疫程序來選擇適合的接種途徑。

1. 皮下注射 選擇皮薄、被毛少、皮膚鬆弛、皮下血管少的部位。馬、牛等大家畜宜在頸側中 1/3 部位，豬宜在耳後或股外側，羊、犬宜在頸側中 1/3 部位或股內側，家禽在頸背部下 1/3 處。

此法的優點是操作簡單，接種劑量準確，免疫效果確實，不活化疫苗和弱毒苗均可採用本法；缺點是逐隻進行，費工費力，壓力大。

2. 皮內注射 目前主要用於羊痘弱毒疫苗的免疫，注射部位多在尾根腹側。

3. 肌內注射 應選擇肌肉豐滿、血管少、遠離神經幹的部位，牛、馬、羊在頸側中部上 1/3 處或臀部注射；豬通常在耳根後或股部注射；犬、兔宜在頸部；禽類在胸部、大腿外側或翅膀基部注射，一般多在胸部接種。

此法的優點是免疫劑量準確，效果確實，免疫迅速，不活化疫苗和弱毒苗均可採用本法；缺點是局部刺激大，費工費力。

4. 胸腔注射 目前主要用於豬氣喘病弱毒苗的免疫，注射部位在右側胸腔倒數第 6 肋骨至肩胛骨後緣 3～6cm 處進針，注進胸腔內。此法能很快產生局部免疫，但是免疫刺激大，技術要求高。

5. 飲水免疫 是將可供口服的疫苗混於水中，動物透過飲水而獲得免疫。此法的優點是操作方便、省時省力，能使動物群體在同一時間內進行接種，對群體的壓力反應小。缺點是動物的飲水量不一，進入每一動物體內的疫苗量也不同，免疫後動物的抗體水準不均勻，免疫效果不確實，且飲水免疫必須是弱毒苗。

6. 皮膚刺種 主要用於禽痘疫苗的接種，刺種部位在翅膀內側翼膜下的無血管處。

7. 滴鼻、點眼 用乳頭滴管吸取疫苗滴於鼻孔內或眼內。多用於雛雞新城病Ⅳ系疫苗和傳染性支氣管炎疫苗的接種。

此法的優點是可避免疫苗被母源抗體中和，並能保證每隻雞得到免疫，且劑量一致；缺點是費時費力，對呼吸道壓力大。

8. 氣霧免疫法 此法是用壓縮空氣透過氣霧發生器將稀釋疫苗噴射出去，使疫苗形成直徑 1～10μm 的霧化粒子，均勻地浮游在空氣之中，透過呼吸道吸入肺內，以達到免疫目的。氣霧免疫對某些與呼吸道有親嗜性的疫苗效果好，如新城病弱毒苗、傳染性支氣管炎弱毒苗等。

此法的優點是省時省力，全群動物可在同一短暫時間內獲得同步免疫，尤其適於大群動物的免疫，免疫效果確實；缺點是需要的疫苗數量較多，呼吸道壓力較大。

9. 塗肛免疫 主要用於傳染性喉氣管炎強毒型疫苗的接種。將雞倒提使肛門黏膜翻出，用接種刷蘸取疫苗塗刷肛門黏膜。

五、免疫接種反應

(一) 免疫接種反應的類型

對動物機體來說，疫苗是外源性物質，接種後會出現一些不良反應，其性質和強度因疫苗及動物機體的不同也有所不同。對生產實踐有影響的是不應有的不良反應或劇烈反應，按照免疫接種反應的強度和性質可將其分為三個類型。

1. 正常反應 是由疫苗本身的特性引起的反應。某些疫苗本身有一定毒性，接種後引起機體一定反應；某些活疫苗，接種實際是一次輕度感染，也引起機體一定反

第三章　動物疫病防控措施

應。這些疫苗接種後，常常出現一過性的精神沉鬱、食慾下降、注射部位的短時輕度炎症等局部性或全身性異常表現。如果這種反應的動物數量少、反應程度輕、維持時間短暫，屬於正常反應，一般不用處理。

2. 嚴重反應　是指反應性質與正常反應相似，但反應程度嚴重或出現反應的動物數量多。出現嚴重反應的原因通常是由於疫苗品質低劣或毒（菌）株的毒力偏強、使用劑量過大、接種方法錯誤或接種對象不正確等引起。透過提高疫苗品質，按說明正確操作，常可避免或減少嚴重反應的發生。

3. 過敏反應　動物接種後出現黏膜發紺、缺氧、呼吸困難、嘔吐、腹瀉、虛脫或驚厥等全身性反應和過敏性休克症狀。過敏反應主要與疫苗本身性質和培養液中的過敏原有關，也與動物本身體質有關。

（二）免疫接種反應的預防措施

（1）保持圈舍溫度、濕度、光照適宜，通風良好，做好日常消毒工作。

（2）制定科學的免疫程序，選用適宜的疫苗。

（3）嚴格按照疫苗的使用說明進行免疫接種，注射部位要準確，接種操作方法要正確，接種劑量要適當。

（4）免疫接種前對動物進行健康檢查。凡精神、食慾、體溫不正常、體質瘦弱的均不予接種或暫緩接種。

（5）對疫苗的品質、保存條件、保存期均要認真檢查，必要時先做小群動物接種，然後再大群免疫。

（6）免疫接種前，避免動物受到寒冷、轉群、運輸、脫水、突然換料、噪音、驚嚇等產生壓力反應。

（7）免疫前後給動物提供營養豐富、全面的飼料，提高機體免疫功能。

（三）免疫接種反應的急救措施

1. 全身反應　輕度全身反應，一般不需做任何處理，可讓接種動物適當休息，飼餵營養豐富、易消化的飼料，供給清潔、充足的飲水，保持圈舍內溫度、濕度、光照適宜和通風良好等，避免繼發其他疾病。全身反應嚴重者，採用抗休克、抗炎、抗感染、強心補液、鎮靜解痙等急救措施。

2. 局部反應　輕度的局部反應，一般不需做任何處理；較重的局部反應，可用乾淨毛巾熱敷或對症治療。

3. 過敏反應　接種動物發生過敏反應時，必須立即進行急救，採取肌內注射0.1％鹽酸腎上腺素或地塞米松磷酸鈉、鹽酸異丙嗪等抗過敏藥和其他對症治療措施。

（四）免疫接種反應的報告和處理

使用政府統一採購的強免疫苗免疫時，一旦發生免疫接種反應，除了立即進行緊急救治外，對免疫接種反應嚴重或因免疫接種反應造成死亡的還應該做到以下幾點。

1. 保留好現場　按要求（發生免疫接種反應24h內）逐級及時上報至省動物衛生監督所，報告要詳細說明免疫接種反應的時間、地點、畜禽種類、日齡、畜主姓名、免疫人員名稱、免疫時間、免疫用苗的生產企業、批號、有效期、反應的數量或死亡、流產等數量，參加救治人員及救治情況等，專家組評估情況等內容。

2. 協調供苗企業處理　免疫接種反應嚴重的或因免疫接種反應造成死亡的，地方動物防疫機構協調企業盡快派專家現場處理；零星死亡的，按供苗企業要求整理好

59

保險公司需要提供的材料（附有時間的照片、死亡情況確認表等），集中免疫結束後統一送有關供苗企業並協調索賠事宜。

3. 專家現場確認 免疫接種反應嚴重的或因免疫接種反應造成死亡的動物，要有縣級或縣級以上專家現場確認、評估、取證等，按保險公司或供苗企業的要求，認真逐項填寫上報材料，不要漏項。

六、免疫程序的制定

免疫程序就是根據一定地區或養殖場內不同疫病的流行情況及疫苗特性為特定動物制定的免疫接種計劃，主要包括疫苗名稱、類型、接種次序、次數、途徑及間隔時間。

免疫接種必須按合理的免疫程序進行，制定免疫程序時，要統籌考慮下列因素。

1. 當地疫病的流行情況及嚴重程度 免疫程序的制定首先要考慮當地疫病的流行情況及嚴重程度，據此才能決定需要接種什麼種類的疫苗，達到什麼樣的免疫水準。

2. 疫苗特性 疫苗的種類、接種途徑、產生免疫力所需的時間、免疫有效期等因素均會影響免疫效果，因此在制定免疫程序時，應進行充分的調查、分析和研究。

3. 動物免疫狀況 畜禽體內的抗體水準與免疫效果有直接關係，抗體水準低的要早接種，抗體水準高的延後接種，免疫效果才會好。畜禽體內的抗體有兩大類，一是母源抗體，二是透過後天免疫產生的抗體。制定免疫程序時必須考慮抗體水準的變化規律，免疫應選在抗體水準到達臨界線前進行較合理。有條件的養殖場透過抗體監測確定抗體水準，沒有條件的可透過疫苗的使用情況及該疫苗產生抗體的規律經驗進行估計。

4. 生產需要 畜禽的用途、飼養時期不同，免疫程序也不同。例如肉用家禽與蛋用家禽免疫程序就不同。蛋用家禽的生產週期長，需要進行多次免疫，且還應考慮到接種對產蛋率、孵化率及母源抗體的影響；而肉用禽生產週期短，免疫疫苗種類及次數就大大減少。

5. 養殖場綜合防疫能力 免疫接種是養殖場眾多防疫措施之一，養殖場其他防疫措施嚴密得力，就可減少免疫疫苗種類及次數。

6. 動物機體的免疫反應能力 動物日齡不同，動物免疫器官的發育程度不同，動物機體的免疫反應能力也不同；飼養管理水準不同，動物機體的免疫反應能力就不同。制定免疫程序時，要充分考慮動物機體的免疫反應能力。

不同地區、不同養殖場可能發生的疫病不同，用來預防這些疫病的疫苗的性質也不盡相同，不同養殖場的綜合防疫能力相差較大。因此，不同養殖場沒有可供統一使用的免疫程序，應根據本地和本場的實際情況制定合理的免疫程序。

七、免疫效果的評價

免疫接種的目的是降低動物的易感性，將易感動物群轉變為非易感動物群，從而預防疫病的發生與流行。因此，判定動物群是否達到了預期的免疫效果，需要定期對免疫動物群的發生率和抗體水準進行監測和分析，評價免疫方案是否合理，找出可能存在的問題，以期取得好的免疫效果。

（一）免疫效果評價的方法

1. 流行病學評價方法　透過免疫動物群和非免疫動物群的發生率、死亡率等流行病學指標，來比較和評價不同疫苗或免疫方案的保護效果。常用的指標有效果指數和保護率。

$$效果指數 = \frac{對照組發生率}{免疫組發生率}$$

$$保護率 = \frac{對照組發生率 - 免疫組發生率}{免疫組發生率} \times 100\%$$

當效果指數<2或保護率<50%時，可判定該疫苗或免疫程序無效。

2. 血清學評價　血清學評價是以測定抗體的轉化率和幾何滴度為依據的，但多用血清抗體的幾何滴度來進行評價，透過比較接種前後滴度升高的幅度及其持續時間來評價疫苗的免疫效果。如果接種後的平均抗體滴度比接種前升高4倍以上，即認為免疫效果良好；如果小於4倍，則認為免疫效果不佳或需要重新進行免疫接種。

3. 人工攻毒試驗　透過對免疫動物的人工攻毒試驗，可確定疫苗的免疫保護率、安全性、開始產生免疫力的時間、免疫持續期和保護性抗體臨界值等指標。

（二）影響免疫效果的因素

動物免疫接種後，在免疫有效期內不能抵抗相應病原體的侵襲，仍發生了該種疫病，或效力檢查不合格，均可認為是免疫接種失敗。出現免疫接種失敗的原因很多，大體可歸納為疫苗因素、動物因素和人為因素三大方面。

1. 疫苗因素　主要有疫苗本身的保護性差；疫苗毒（菌）株與流行毒（菌）株血清型或亞型不一致；疫苗運輸、保存不當；疫苗稀釋後未在規定時間內使用；不同疫苗之間的干擾作用等。

2. 動物因素　主要有動物母源抗體的水準或上一次免疫接種引起的殘餘抗體水準過高；動物接種時已處於潛伏期感染；動物患免疫抑制性疾病等。

3. 人為因素　主要有免疫程序不合理；疫苗稀釋錯誤；疫苗用量不足；接種有遺漏；接種途徑錯誤；免疫接種前後使用了影響疫苗活性或免疫抑制性藥物等。

任務五　藥物預防的實施

在平時正常的飼養管理狀態下，給動物投服藥物以預防疫病的發生，稱為藥物預防。

動物疫病種類繁多，除部分疫病可用疫苗預防外，有相當多的疫病沒有疫苗，或雖有疫苗但應用效果不佳。因此，透過在飼料或飲水中加入抗微生物藥、抗寄生蟲藥及微生態製劑，來預防疫病的發生有十分重要的意義。

一、預防用藥的選擇

臨診應用的抗微生物藥、抗寄生蟲藥種類繁多，選擇預防用藥時應遵循以下原則。

1. 病原體對藥物的敏感性　進行藥物預防時，應先確定某種或某幾種疫病作為預防的對象。針對不同的病原體選擇敏感、廣譜的藥物。為防止產生耐藥性，應適時更換藥物。為達到最好的預防效果，在使用藥物前，應進行藥物敏感性試驗，選擇高度敏感的藥物用於預防。

2. 動物對藥物的敏感性　不同種屬的動物對藥物的敏感性不同，同種動物但年齡、性別不同對藥物的敏感性也有差異，因此在做藥物預防時應區別對待。例如：可按每公斤飼料 3mg 的劑量用速丹拌料來預防雞的球蟲病，但對鴨、鵝均有毒性，甚至會引起死亡。

3. 藥物安全性　使用藥物預防應以不影響動物產品的品質和消費者的健康為前提，具體使用時應符合法律法規要求，不用禁用藥物。給待出售的動物進行藥物預防時，應注意休藥期，以免藥物殘留。

4. 有效劑量　藥物必須達到最低有效劑量，才能收到應有的預防效果。因此，要按規定的劑量，均勻地拌入飼料或完全溶解於飲水中。有些藥物的有效劑量與中毒劑量之間差別不大（如馬杜拉黴素），掌握不好就會引起中毒。

5. 注意配伍禁忌　兩種或兩種以上藥物配合使用時，有的會產生理化性質改變，使藥物產生沉澱或分解、失效甚至產生毒性。如硫酸新黴素、慶大黴素與替米考星、羅紅黴素、鹽酸多西環素、氟苯尼考配伍時療效會降低；維生素 C 與磺胺類配伍時會沉澱，分解失效等。在進行藥物預防時，一定要注意配伍禁忌。

6. 藥物廣譜性　最好是廣譜抗微生物、抗寄生蟲藥，可用一種藥物預防多種疫病。

7. 藥物成本　在集約化養殖場中，預防藥物用量大，若藥物價格較高，則增加了生產成本。因此，應盡可能地使用價廉而又確有預防作用的藥物。

二、預防用藥的方法

不同的給藥方法可以影響藥物的吸收速度、利用程度、藥效出現時間及維持時間。藥物預防一般採用群體給藥法，將藥物添加在飼料中，或溶解到飲水中，讓動物服用，有時也採用氣霧給藥法。

1. 拌料給藥　就是將藥物均勻地拌入飼料中，讓動物在採食時攝入藥物。該法簡便易行，節省人力，壓力小，適合長期預防性給藥。

拌料給藥時應注意：根據動物體重及採食量，準確掌握用藥量；採用分級混合法，保證藥物混合均勻；注意不良反應。

2. 飲水給藥　就是將藥物溶解到飲水中，透過飲水進入動物體內，是給家禽進行藥物預防最常用、最方便的途徑，適用於短期投藥。

飲水給藥所用的藥物應是水溶性的。為保證動物在較短的時間內飲入足夠劑量的藥物，應停飲一段時間，以增加飲欲。例如，在夏季停飲 1～2h，然後供給加有藥物的飲用水，使動物在較短的時間內充分喝到藥水。另外，還應根據動物的品種、季節、圈舍內溫濕度、飼養方法等因素，掌握動物群一次飲水量，然後按照藥物濃度，準確計算用藥劑量，以保證預防效果。

3. 氣霧給藥　是指利用噴霧器械，將藥物霧化成一定直徑的微粒，瀰散到空間中，讓畜禽透過呼吸作用吸入體內或作用於畜禽皮膚及黏膜的一種給藥方法。這種方法，藥物吸收快、作用迅速、節省人力，尤其適用於現代化大型養殖場。

能透過氣霧途徑給藥的藥物應該無刺激性，易溶於水。計算用藥量時應按照圈舍空間和氣霧設備準確計算。

4. 外用給藥　主要是為殺死動物體外寄生蟲或體外致病微生物所採用的給藥方法，包括噴灑、燻蒸和藥浴等。應注意掌握藥物濃度和使用時間。

操作與體驗

技能一 養殖場進場人員及車輛的消毒

(一) 技能目標
(1) 掌握常用藥物的配製方法。
(2) 會設置車輛消毒池和消毒室。
(3) 能對養殖場進場人員及車輛進行消毒。

(二) 材料設備
新潔爾滅、氫氧化鈉、二氯異氰尿酸鈉、量筒、玻璃棒、燒杯、天平或臺秤、盆、桶、隔離服、口罩、膠靴、橡膠手套、車輛等。

(三) 方法步驟
1. 預習 學生提前查閱資料，學習養殖場的車輛消毒池和消毒室設計圖。熟悉人員及車輛進場消毒的設施。

2. 消毒液的配製 根據需要配製的消毒液濃度及用量，正確計算所需溶質、溶劑的用量。用天平或臺秤秤量固態消毒劑，用量筒量取液態消毒劑。稱量後，先將消毒劑溶解在少量水中，使其充分溶解後再與足量的水混勻。

配製消毒液時，常需根據不同濃度計算用量。可按下式計算：

$$N_1 V_1 = N_2 V_2$$

式中，N_1 為原藥液濃度；V_1 為原藥液容量；N_2 為需配製藥液的濃度；V_2 為需配製藥液的容量。

實際消毒工作中常用百分濃度，即每單位品質（100g）或單位體積（100mL）藥液中含某藥品的質量（克數）或體積（毫升數）。

3. 進場車輛消毒 首先對進入車輛登記，內容包括姓名、單位、所運物品及是否來自疫區等；符合進場規定的車輛開進消毒通道，前後輪胎全部進入消毒池後，車輛停止；啟動噴霧消毒裝置，用3‰二氯異氰尿酸鈉溶液噴射成粒徑30～100μm的超微粒子，對車輛前、後、左、右、上、下六面噴射，噴射範圍廣，消毒均勻且徹底；噴霧消毒裝置關閉，消毒完畢，車輛進入養殖場。

4. 進場人員消毒 首先對外來入場人員登記，內容包括姓名、單位、職業及來場原因等；符合進場規定的人員進入消毒室，在紫外線消毒區，腳踏盛有4%氫氧化鈉溶液的消毒盤，閉眼消毒15～20min；然後洗澡、更換工作服及鞋靴；消毒完畢，進入養殖場。

(四) 考核標準

序號	考核內容	考核要點	分值	評分標準
1	消毒液的配製 （20分）	消毒液的用量	10	正確計算溶質溶劑的用量
		量取所需溶質、溶劑	10	正確量取所需溶質溶劑
2	進場人員和車輛的登記（10分）	登記資訊	10	登記資訊全面

(續)

序號	考核內容	考核要點	分值	評分標準
3	進場車輛消毒（30分）	輪胎消毒	10	正確進行輪胎消毒
		車體消毒	10	正確進行車體消毒
		消毒池管理	10	及時更換消毒液
4	進場人員消毒（20分）	消毒次序	10	進場人員消毒次序正確
		紫外線消毒	10	正確使用紫外線消毒
5	職業素養（20分）	安全意識	10	服從安排，積極認真
		實訓態度	10	注重生物安全和人身安全
	總分		100	

技能二　圈舍帶動物消毒

（一）技能目標
（1）會配製常用消毒劑。
（2）會選擇合適的消毒劑。
（3）會氣霧消毒。

（二）材料設備
過氧乙酸、次氯酸鈉、二氯異氰尿酸鈉、百毒殺、藥匙、噴霧消毒機、細眼噴壺、量筒、天平或臺秤、盆、桶、清掃用具、隔離服、膠靴、口罩、手套、護目鏡等。

（三）方法步驟
1. 師生入場消毒　師生登記後進入消毒室，更換工作服和膠靴，消毒後方可進入圈舍。

2. 清洗飼槽、水槽、用具及地面　分組清除圈舍內排泄物和其他汙物，保證飼槽、水槽、用具和地面的清潔衛生。

3. 選配消毒藥　氣霧消毒選用對皮膚、黏膜無刺激性或刺激性較小的消毒劑，如0.015%百毒殺、0.1%新潔爾滅、0.2%~0.3%過氧乙酸和0.2%~0.3%次氯酸鈉等；圈舍地面噴灑消毒用0.3%~0.5%過氧乙酸、2%~4%氫氧化鈉溶液或3%~5%二氯異氰尿酸鈉；用具等的消毒用0.1%~0.2%過氧乙酸或1%二氯異氰尿酸鈉等。根據需要量分組配製。

4. 飼槽、水槽、用具及地面的消毒　把3%~5%的二氯異氰尿酸鈉溶液裝入細眼噴壺，對飼槽、水槽、舍內用具及地面噴灑消毒，一定要均勻噴灑，用藥量為400~800mL/m²。

5. 帶動物噴霧消毒　把0.2%~0.3%次氯酸鈉溶液裝入噴霧消毒機，充氣後開始噴灑，將噴頭高舉空中，噴嘴向上以畫圓圈方式先內後外逐步噴灑，使藥液如霧一樣緩慢下落，噴霧粒徑控制在80~120μm，噴霧距離在1~2m。藥液用量為40~60mL/m³，以地面、牆壁、天花板均勻濕潤和動物體表略濕為宜。

消毒完畢後 30～60min，用清水沖刷飼槽和水槽。
(四) 考核標準

序號	考核內容	考核要點	分值	評分標準
1	師生入場消毒（10分）	人員登記	5	與人溝通自然順暢，登記全面、準確
		消毒室消毒	5	消毒徹底
2	清洗飼槽、水槽、用具及地面（20分）	實訓態度	10	服從老師和養殖場防疫員安排，不怕髒，不怕累
		飼槽、水槽、用具和地面的清洗	10	飼槽、水槽、用具和地面清潔衛生
3	選配消毒藥（20分）	選擇消毒藥	10	消毒藥選擇正確
		消毒藥計算	5	正確計算
		消毒藥量取配製	5	正確量取配製
4	飼槽、水槽、用具及地面的消毒（25分）	消毒機的使用	10	正確使用
		消毒過程	10	均勻噴灑，用量準確，沒有死角
		合作意識	5	具備團隊合作精神，積極與小組成員配合，共同完成任務
5	帶動物噴霧消毒（25分）	噴霧消毒機的使用	10	正確使用
		消毒過程	10	噴霧均勻，霧滴適宜，劑量準確
		安全意識	5	注意人身安全，防止消毒損傷
	總分		100	

技能三　養殖場空圈舍的消毒

(一) 技能目標

(1) 會配製常用的消毒劑。
(2) 會燻蒸消毒法。
(3) 會使用高壓清洗機。
(4) 掌握空圈舍消毒的程序。

(二) 材料設備

二氯異氰尿酸鈉、氫氧化鈉、福馬林、高錳酸鉀、量筒、天平或臺秤、盆、桶、藥匙、高壓沖洗機、噴灑消毒機、隔離服、膠靴、口罩、手套、護目鏡等。

(三) 方法步驟

1. 消毒液的配製　根據空圈舍消毒需要配製消毒液。

2. 機械清除　清掃前用清水或消毒劑噴灑圈舍，以免灰塵及微生物飛揚。然後對地面、飼槽等進行清掃，掃除糞便、墊草及殘餘的飼料等汙物，掃除的汙物投入化糞池處理。

3. 淨水沖洗　飼槽、飲水器、圍欄、籠具、網床等設施用水洗刷乾淨，最後用高壓清洗機沖洗天花板、牆壁、地面、糞槽、過道等。注意不能將高壓清洗機噴槍對著自己或他人。

4. 藥物噴灑 按照「先裡後外，先上後下」的順序使用噴灑消毒機噴灑消毒藥，天花板、牆壁、舍內設施選用3％二氯異氰尿酸鈉，地面、糞槽、過道等處選用4％氫氧化鈉。地面用藥量600～800mL/m^2，舍內其他設施200～400mL/m^2。為了提高消毒效果，應使用2種或以上不同類型的消毒藥進行2～3次消毒。每次消毒後要等地面和物品乾燥後進行下次消毒。

5. 燻蒸消毒 用福馬林和高錳酸鉀燻蒸，室溫不低於15～18℃，用量按照圈舍空間計算，每立方公尺空間25mL福馬林、12.5mL水和12.5g高錳酸鉀，先將福馬林和水混合，再放高錳酸鉀。藥物反應後，人員必須迅速離開圈舍，密閉24h後，通風換氣，待無刺激氣味後，方可再次飼養動物。

若急需使用圈舍，可用氨氣中和甲醛，每立方公尺空間取氯化銨5g，生石灰2g，加入75℃的水7.5mL，混合液裝於小桶內放入圈舍。也可用氨水代替，按每立方公尺空間用25％氨水12.5mL，中和20～30min，打開門窗通風20～30min，即可再飼養動物。

（四）考核標準

序號	考核內容	考核要點	分值	評分標準
1	機械清除（20分）	實訓態度	10	服從老師和養殖場防疫員安排，不怕髒，不怕累
		掃除糞便、墊草及殘餘的飼料等汙物	10	清除乾淨
2	淨水沖洗（20分）	高壓清洗機的使用	10	正確使用
		設施洗刷	10	設施用水洗刷乾淨
3	藥物噴灑（30分）	選擇消毒藥	5	消毒藥選擇正確
		消毒藥配製	5	消毒藥配製準確
		噴灑消毒機的使用	10	正確使用
		噴灑消毒	10	均勻噴灑，用量準確，沒有死角
4	燻蒸消毒（30分）	消毒藥物量取	5	量取正確
		燻蒸過程	10	次序準確
		安全意識	10	注意人身安全，防止消毒損傷
		合作意識	5	具備團隊合作精神，積極與小組成員配合，共同完成任務
	總分		100	

技能四　養殖場消毒效果檢驗

（一）技能目標

（1）掌握5點採樣法。

（2）會梯度稀釋細菌並培養。

（3）會菌落計數。

（4）會計算殺菌率並判定消毒效果。

（二）材料設備

過氧乙酸、硫代硫酸鈉、無菌生理鹽水、刻度吸管、量筒、試管、滅菌棉拭子、普通營養瓊脂粉、無菌平皿、水浴鍋、恆溫培養箱、高壓清洗機、噴灑消毒機、隔離服、膠靴、口罩、手套、護目鏡等。

（三）方法步驟

1. 消毒液及中和劑的配製　　配製0.5％過氧乙酸及0.5％硫代硫酸鈉。

2. 養殖場取樣

（1）圈舍清刷。清除圈舍地面的糞便和汙物，用高壓水沖洗乾淨，然後乾燥。

（2）消毒前採樣。用5點採樣法，即在圈舍地面4個角和中央各選1個點，每點為5cm×5cm的正方形。用滅菌棉拭子蘸取0.5％的硫代硫酸鈉溶液，在採樣點滾動塗擦2次後，剪斷棉拭子的手持端，使棉拭子落入含有中和劑（5mL 0.5％硫代硫酸鈉溶液）的試管中。

（3）噴灑消毒。用0.5％過氧乙酸按600mL/m² 的用量，對圈舍地面噴灑消毒。

（4）消毒後採樣。消毒後1h，用同樣方法，在圈舍地面各點附近再次取樣1次。

3. 實驗室檢查

（1）洗菌。用提拉和吹打的方法，充分洗下棉拭子上的細菌。

（2）稀釋菌液。吸取菌懸液1mL，用無菌生理鹽水以10倍稀釋法稀釋至1×10^{-3}。

（3）細菌培養。從每個稀釋後的樣品中取3mL菌液，分別放入3個無菌平皿內，每個平皿內1mL。然後，每個平皿內倒入熔化並冷卻至50℃的普通營養瓊脂15～20mL，充分混勻，待凝固後，置37℃的溫箱中培養18～24h。

（4）菌落計數。觀察細菌生長情況，進行菌落計數，根據樣品的稀釋度換算出每一採樣區的細菌數。

（5）計算殺菌率。

$$殺菌率=\frac{消毒前細菌數-消毒後細菌數}{消毒前細菌數}\times100\%$$

4. 結果判定　　把菌落數和殺菌率填入表3-1。一般殺菌率達到99.9％為合格。

表3-1　過氧乙酸對圈舍的消毒效果

結果	採樣點				
	1	2	3	4	5
消毒前細菌數					
消毒後細菌數					
殺菌率（％）					

（四）考核標準

序號	考核內容	考核要點	分值	評分標準
1	消毒液及中和劑的配製（10分）	計算所需溶質、溶劑的用量	5	正確計算
		量取溶質、溶劑	5	正確量取
2	圈舍清刷（5分）	高壓清洗機的使用	2	正確使用
		地面洗刷	3	地面洗刷乾淨
3	消毒前採樣（15分）	選點	5	選點正確
		採樣	10	採樣正確
4	噴灑消毒（5分）	噴灑消毒機的使用	2	正確使用
		噴灑消毒	3	均勻噴灑，用量準確，沒有死角
5	消毒後採樣（15分）	選點	5	選點正確
		採樣	10	採樣正確
6	洗菌（5分）	洗菌	5	洗菌充分
7	稀釋菌液（10分）	無菌操作	5	嚴格無菌操作
		稀釋	5	稀釋準確
8	細菌培養（10分）	吸取樣品	2	吸取樣品準確
		水浴鍋的使用	5	正確使用水浴鍋
		溫箱培養	3	正確使用溫箱培養
9	菌落計數（10分）	菌落計數	10	準確算出採樣區的細菌數
10	計算殺菌率（10分）	計算殺菌率	10	殺菌率計算正確
11	結果判定（5分）	判定結果	5	結果判定正確
	總分		100	

技能五　家禽的免疫接種

（一）技能目標
（1）掌握免疫接種器械的準備及人員防護的方法。
（2）會進行疫苗檢查和家禽免疫接種前檢查。
（3）掌握疫苗的稀釋方法。
（4）掌握雞的免疫接種方法。

（二）材料設備
待免雞、疫苗（新城病弱毒苗、雞痘疫苗、禽流感油劑不活化疫苗、稀釋液）、5％碘酊、75％乙醇、3％來蘇兒、高壓蒸汽滅菌器、獸用連續針筒、針頭（7號）、刺種針、疫苗滴瓶、量筒、氣霧免疫器、隔離服、膠靴、口罩、手套、護目鏡等。

（三）方法步驟
1. 免疫接種前的準備

（1）器械清洗消毒。氣霧發生器、飲水器認真清洗；針筒、針頭、刺種針等接種用具用清水沖洗乾淨，放入高壓蒸汽滅菌鍋滅菌。

第三章　動物疫病防控措施

（2）疫苗檢查。免疫接種前，對所使用的疫苗進行仔細檢查，有下列情況之一者不得使用：①沒有瓶籤或瓶籤模糊不清；②過期失效；③疫苗的品質與說明書不符；④瓶塞鬆動或瓶壁破裂；⑤沒有按規定方法保存。

（3）人員消毒和防護。免疫接種人員剪短手指甲，用肥皂、3%來蘇兒洗手，再用75%乙醇消毒手指；穿工作服、膠靴、戴橡膠手套、口罩、帽等。

（4）待免動物檢查。接種前對待免雞群進行健康檢查，疑似患病雞不應接種疫苗。

2. 疫苗的稀釋　各種疫苗使用的稀釋液及用量都有明確規定，必須嚴格按製造商的使用說明書進行。

（1）注射用疫苗的稀釋。疫苗必須用專用稀釋液稀釋，若沒有專用稀釋液，可用注射用水或生理鹽水稀釋。用鑷子取下疫苗瓶及稀釋液瓶的塑膠瓶蓋，用75%乙醇棉球消毒瓶塞。待乙醇完全揮發後，用滅菌針筒抽取少量稀釋液注入疫苗瓶中，振盪，使其完全溶解，抽取溶解的疫苗注入稀釋液瓶中，再用稀釋液將疫苗瓶沖洗2~3次，將疫苗全部沖洗下來轉入稀釋液瓶中。

（2）飲水用疫苗的稀釋。飲水免疫時，疫苗可用潔淨的深井水稀釋，不能用自來水，因為自來水中的消毒劑會把疫苗中活的微生物殺死。

（3）氣霧用疫苗的稀釋。氣霧免疫時，疫苗最好用蒸餾水或無離子水稀釋。

（4）滴鼻、點眼用疫苗的稀釋。先計算稀釋液的用量，每隻雞用兩滴，根據總雞隻數算出稀釋液的量。疫苗必須用專用稀釋液稀釋，若沒有專用稀釋液，可用蒸餾水或無離子水稀釋。

3. 免疫接種的方法

（1）頸部皮下注射。左手握住幼禽，在頸背部下1/3處，用大拇指和食指捏住頸中線的皮膚並向上提起，使其形成一皺褶，針頭從頭部方向向後沿皺褶基部刺入皮下，推動針筒活塞，緩緩注入疫苗。

（2）肌內注射。部位在胸部、大腿部或翅膀基部，一般多用胸部。

胸肌注射時，一人保定雞，胸部朝上；一人持針筒，針頭與胸肌成30°~45°角，在胸部中1/3處向背部方向刺入胸部肌肉。腿部肌內注射時，助手一手抓住翅膀，另一手抓住一腿保定；操作者抓住另一側腿，針頭朝軀體方向刺入大腿外側肌肉。翅膀基部肌內注射時，助手一手握住雞的雙腿，另一手握住一翅，同時托住背部，使其仰臥；操作者一手抓住另一翅，針頭垂直刺入翅膀基部肌肉。

（3）飲水免疫法。將新城病弱毒苗混於水中，雞群透過飲水而獲得免疫。

飲水免疫必須注意以下幾個問題：①準確計算飲水量（參考表3-2）；②免疫前應限制飲水，夏季一般2h，冬季一般為4h；③稀釋疫苗的飲水必須不含有任何不活化疫苗病毒或細菌的物質；④疫苗必須是高效價的，適當加大用量；⑤飲水器具要乾淨，數量要充足。

表3-2　飲水免疫時每隻雛雞的飲水量

日齡	飲水量（mL）
<5	3~5
5~14	6~10
14~30	8~12

69

(續)

日齡	飲水量（mL）
30～60	15～20
＞60	20～40

（4）刺種。適用於雞痘疫苗的接種。助手一手握住雞的雙腿，另一手握住一翅，同時托住背部，使其仰臥。操作者左手抓住雞另一翅膀，右手持刺種針插入疫苗溶液中，針槽充滿疫苗液後，在翅膀翼膜內側無血管處刺針。拔出刺種針，稍停片刻，待疫苗被吸收後，將雞輕輕放開。

（5）滴鼻、點眼。操作者左手握住雛雞，食指和拇指固定住雛雞頭部，雛雞眼和一側鼻孔向上。右手持滴瓶並倒置，滴頭朝下，滴頭與眼保持1cm左右距離，輕捏滴瓶，垂直滴入一滴疫苗。滴鼻時用食指堵住對側的鼻孔，垂直滴入一滴疫苗。待疫苗完全吸入，緩慢將雞放下。

（6）氣霧免疫。免疫時，疫苗用量主要根據圈舍大小而定，可按下式計算：疫苗用量＝DA/TV，其中：疫苗用量為室內氣霧免疫法用的疫苗的量，單位為頭（隻、羽）份；D為計劃免疫劑量，單位為頭（隻、羽）份／頭（隻、羽）；A為免疫空間容積，單位為L；T為免疫時間，單位為min；V為呼吸常數，即動物每分鐘吸入的空氣量（L），單位為L／[min·頭（隻、羽）]。

疫苗用量計算好之後，關閉門窗，使氣霧免疫器噴頭保持與動物頭部同高，向舍內四面均勻噴射。噴射完畢，30min後方可通風。

4. 免疫廢棄物的處理 對免疫廢棄物要進行無害化銷毀處理。

（1）不活化疫苗。傾於小口坑內，注入消毒液，加土掩埋。

（2）活疫苗。先高壓蒸汽滅菌或煮沸消毒，然後掩埋。

（3）用過的疫苗瓶。高壓蒸汽滅菌或煮沸消毒後，方可廢棄。

（四）考核標準

序號	考核內容	考核要點	分值	評分標準
1	免疫接種前的準備（15分）	免疫接種器械的準備及人員防護	5	器械清洗乾淨、消毒徹底，注意人身安全、生物安全
		疫苗檢查	5	檢查仔細、全面
		待免動物檢查	5	檢查仔細、全面
2	注射用疫苗的稀釋（5分）	吸取稀釋液	3	吸取稀釋液量準確
		無菌操作	2	操作規範
3	飲水用疫苗的稀釋（10分）	計算飲水量	5	飲水量計算準確
		量取飲水量	5	飲水量量取準確
4	氣霧用疫苗的稀釋（5分）	計算稀釋液	3	稀釋液計算準確
		量取稀釋液	2	稀釋液量取準確
5	滴鼻、點眼用疫苗的稀釋（5分）	吸取稀釋液	3	吸取稀釋液量準確
		無菌操作	2	操作規範

(續)

序號	考核內容	考核要點	分值	評分標準
6	頸部皮下注射（10分）	連續針筒使用	4	使用正確
		注射操作	6	操作規範
7	胸部肌內注射（10分）	注射部位	4	部位準確
		注射操作	6	操作規範
8	腿部肌內注射（5分）	注射部位	2	部位準確
		注射操作	3	操作規範
9	翅根部肌內注射（5分）	注射部位	2	部位準確
		注射操作	3	操作規範
10	刺種（10分）	刺種部位	5	部位準確
		免疫操作	5	操作規範
11	滴鼻點眼（5分）	滴鼻點眼操作	5	操作規範
12	氣霧免疫（10分）	氣霧免疫機使用	5	正確使用
		免疫操作	5	操作規範
13	免疫廢棄物的處理（5分）	剩餘疫苗、疫苗瓶等廢棄物的處理	5	處理正確
	總分		100	

技能六　家畜的免疫接種

（一）技能目標
（1）掌握免疫接種器械的消毒和人員防護的方法。
（2）會進行疫苗檢查和家畜免疫接種前檢查。
（3）會稀釋疫苗。
（4）掌握豬、牛、羊的免疫接種方法。

（二）材料設備
待免動物（豬、牛、羊）、疫苗（豬瘟弱毒苗、牛羊口蹄疫不活化疫苗、羊痘弱毒苗）及稀釋液、0.1％鹽酸腎上腺素、地塞米松磷酸鈉、5％碘酊、75％乙醇、高壓蒸汽滅菌器、針筒（1mL、10mL）、針頭（獸用12、16、18號）、剪毛剪、鑷子、體溫計、隔離服、膠靴、口罩、手套、護目鏡、動物保定用具等。

（三）方法步驟

1. 免疫接種前的準備

（1）器械清洗消毒。氣霧發生器、飲水器認真清洗；針筒、針頭、刺種針等接種用具用清水沖洗乾淨，放入高壓蒸汽滅菌器滅菌。

（2）疫苗檢查。免疫接種前，對所使用的疫苗進行仔細檢查，有下列情況之一者不得使用：①沒有瓶籤或瓶籤模糊不清；②過期失效；③疫苗的品質與說明書不符；④瓶塞鬆動或瓶壁破裂；⑤沒有按規定方法保存。

（3）人員消毒和防護。免疫接種人員剪短手指甲，用肥皂、3％來蘇兒洗手，再

用75％乙醇消毒手指；穿工作服、膠靴，戴橡膠手套、口罩、帽等。

（4）待免動物檢查。接種前對待免動物進行了解及臨診觀察，必要時進行體溫檢查。凡體質過於瘦弱、體溫升高或疑似患病的動物均不應接種疫苗。

2. 疫苗的稀釋　各種疫苗使用的稀釋液和稀釋方法都有明確規定，必須嚴格按製造商的使用說明書進行。用75％乙醇棉球擦拭消毒疫苗瓶和稀釋液瓶的瓶蓋，然後用帶有針頭的無菌針筒吸取少量稀釋液注入疫苗瓶中，充分振盪溶解後，再加入全量的稀釋液。

3. 免疫接種的方法

（1）皮內注射。羊痘弱毒苗採用皮內注射，免疫部位多在尾根腹側。

助手兩手握耳，兩膝夾住胸背部保定。接種部位常規消毒後，接種者以左手繃緊固定皮膚，右手持針筒，使針頭幾乎與皮面平行，輕輕刺入皮內約0.5cm，放鬆左手；左手在針頭和針筒交接處固定針頭，右手持針筒，徐徐注入疫苗，注射處形成一個圓丘，突起於皮膚表面。

（2）肌內注射。牛在臀部或頸部中側上1/3處；豬在耳後2指左右，仔豬可在股內側；羊在頸部或股部。

牛的肌內注射：接種部位常規消毒後，接種者把注射針頭取下，標定刺入深度，對準注射部位用腕力將針頭垂直刺入肌肉，然後接上針筒，回抽針芯，如無回血，隨即注入疫苗。注射完畢，拔出注射針頭，用無菌乾棉球按壓接種部位。

豬、羊的肌內注射：接種部位常規消毒後，接種者持針筒垂直刺入肌肉後，回抽一下針芯，如無回血，即可緩慢注入疫苗。注射完畢，拔出注射針頭，用無菌乾棉球按壓接種部位。

4. 免疫廢棄物的處理　對免疫廢棄物要進行無害化銷毀處理。

（1）不活化疫苗。傾於小口坑內，注入消毒液，加土掩埋。

（2）活疫苗。先高壓蒸汽滅菌或煮沸消毒，然後掩埋。

（3）用過的疫苗瓶。高壓蒸汽滅菌或煮沸消毒後，方可廢棄。

5. 免疫接種後的護理與觀察　免疫接種後，注意觀察接種動物的飲食、精神、呼吸等情況，對嚴重反應或過敏反應者及時救治。

（四）考核標準

序號	考核內容	考核要點	分值	評分標準
1	免疫接種前的準備（20分）	器械消毒	5	器械清洗乾淨、消毒徹底
		疫苗檢查	5	檢查仔細、全面
		人員消毒和防護	5	注意人身安全，生物安全
		待免動物檢查	5	檢查仔細、全面
2	注射用疫苗的稀釋（10分）	吸取稀釋液	5	吸取量準確
		無菌操作	5	操作規範
3	皮內注射（15分）	保定	5	保定規範
		注射部位	4	部位準確
		注射操作	6	操作規範

(續)

序號	考核內容	考核要點	分值	評分標準
4	豬肌內注射（15分）	保定	5	保定規範
		注射部位	4	部位準確
		注射操作	6	操作規範
5	羊肌內注射（15分）	保定	5	保定規範
		注射部位	4	部位準確
		注射操作	6	操作規範
6	牛肌內注射（15分）	保定	5	保定規範
		注射部位	4	部位準確
		注射操作	6	操作規範
7	免疫廢棄物的處理（10分）	疫苗處理	5	正確處理廢棄疫苗
		疫苗瓶處理	5	正確處理疫苗空瓶
總分			100	

技能七　畜禽標識的加施

（一）技能目標
（1）能夠識別豬、牛、羊耳標。
（2）會給豬、牛、羊佩戴耳標。
（3）會登記牲畜耳標資訊。

（二）材料設備
需加施耳標動物（豬、牛、羊）、耳標（豬、牛、羊）、耳標鉗、養殖檔案、工作服、手套、5％碘酊、75％乙醇、鑷子、動物保定用具等。

（三）方法步驟
1. 識別　識別豬、牛、羊的耳標。
2. 耳標佩戴
（1）動物保定。為安全操作，對家畜進行適宜保定。
（2）裝耳標。在耳標鉗的夾片下水平安裝已編號的耳標輔標，再將耳標主標插入耳標鉗的鉗針上（圖3-9）。

圖3-9　耳標鉗

（3）消毒。將耳標鉗連同耳標浸泡在消毒液中進行消毒，再對牲畜耳標加施部位（首次在左耳中部加施，再次加施在右耳中部）進行嚴格的消毒。

（4）打耳標。一手固定耳朵，另一手執耳標鉗，在無大血管的耳部中心用耳標鉗將主耳標頭穿透動物耳部，插入輔標鎖扣內，固定牢靠。主耳標佩戴於家畜耳朵的外側，輔耳標佩戴於家畜耳朵的內側。

3. 資訊登記　對牲畜所加施的耳標資訊進行登記，填寫養殖檔案。

（四）考核標準

序號	考核內容	考核要點	分值	評分標準
1	畜禽標識的識別（40分）	畜禽標識編碼的識別	10	正確識別代碼
		不同家畜耳標的識別	10	正確區別耳標
		豬耳標編碼的識別	10	正確識別主副編碼
		牛、羊耳標編碼的識別	10	正確識別主副編碼
2	家畜耳標的佩戴（50分）	佩戴時間	10	確定標識佩戴時間
		動物保定	5	正確保定動物
		裝耳標	15	正確安裝主標、輔標
		消毒	5	耳標及安裝部位消毒
		打耳標	15	正確佩戴耳標
3	登記（10分）	填寫記錄	10	正確填寫記錄
	總分		100	

技能八　畜禽驅蟲

（一）技能目標

（1）會選擇驅蟲藥並計算其用量。

（2）會透過口服、注射、塗擦、藥浴等方法驅蟲。

（二）材料設備

動物（豬、雞、牛）、驅蟲藥（阿苯達唑、伊維菌素、胺菊酯乳油）、給藥用具、稱重用具、糞便檢查用具、工作服、手套、膠靴、各種記錄表格等。

（三）方法步驟

1. 驅蟲前動物感染狀態的檢查　檢查並記錄動物的臨診症狀，感染情況。根據動物種類和寄生蟲種類的不同，選擇並確定驅蟲藥的種類及用量。

2. 給藥驅蟲

（1）口服阿苯達唑驅蛔蟲。豬禁飼一段時間後，將一定量的驅蟲藥，拌入飼料中投服；或者禁飲一段時間後，將麵粉加入少量水中溶解，再加藥粉攪拌溶解，最後加足水，將驅蟲藥製成混懸液讓豬自由飲用。投藥後3~5d內，糞便集中消毒處理。

（2）注射伊維菌素驅蛔蟲。伊維菌素經皮下注射可以達到驅線蟲、外寄生蟲的作用。在豬、羊頸側剪毛消毒後，按劑量皮下注入。

（3）塗擦胺菊酯乳油驅除蟎。用胺菊酯乳油塗擦羊的體表，適用於畜禽體表寄生

蟲的驅除。

（4）胺菊酯藥浴驅除體表寄生蟲。主要適用於羊體表寄生蟲的驅治。羊群剪毛後，選擇晴朗無風的中午，羊群充足飲水後，配製好0.05%的胺菊酯藥液，利用藥浴池浸泡2～3min或噴淋4～6min，注意全身都要浸泡。

3. 驅蟲效果評價

（1）透過對比驅蟲前後的發生率與死亡率、營養狀況、臨診表現、生產能力等進行效果評價。

（2）透過計算蟲卵減少率、蟲卵轉陰率及驅蟲率進行評價。

①蟲卵減少率。為動物服藥後糞便內某種蟲卵數與服藥前的蟲卵數相比所下降的百分率。

$$蟲卵減少率 = \frac{投藥前1g糞便中某種蟲卵數 - 投藥後蟲卵數}{投藥前1g糞便中某種蟲卵數} \times 100\%$$

②蟲卵轉陰率。為投藥後動物的某種蟲感染率與比投藥前感染率下降的百分率。

$$蟲卵轉陰率 = \frac{投藥前某種蟲感染率 - 投藥後該蟲感染率}{投藥前某種蟲感染率} \times 100\%$$

為獲得準確驅蟲效果，糞便檢查時所有器具、糞便數量以及操作方法要完全一致；根據藥物作用時效，在驅蟲10～15d後進行糞便檢查；驅蟲前後糞便檢查各進行3次，取其平均數。

③粗計驅蟲率（驅淨率）。是投藥後驅淨某種蟲的頭數與驅蟲前感染頭數相比的百分率。

$$粗計驅蟲率 = \frac{投藥前動物感染數 - 投藥後動物感染數}{投藥前動物感染數} \times 100\%$$

④精計驅蟲率（驅蟲率）。是試驗動物投藥後驅除某種蟲平均數與對照動物體內平均蟲數相比的百分率。

$$精計驅蟲率 = \frac{對照動物體內平均蟲數 - 試驗動物體內平均蟲數}{對照動物體內平均蟲數} \times 100\%$$

（四）考核標準

序號	考核內容	考核要點	分值	評分標準
1	驅蟲前準備（20分）	驅蟲前糞便檢查	10	正確檢查糞便中蟲卵
		驅蟲藥物選擇	5	根據寄生蟲種類選擇藥物
		驅蟲藥物的配製	5	正確計算用量並配製
2	動物驅蟲的實施（40分）	口服驅蟲	10	實施正確
		注射驅蟲	10	實施正確
		塗擦驅蟲	10	實施正確
		藥浴驅蟲	10	實施正確
3	驅蟲效果評定（30分）	臨診症狀評定	10	透過臨診症狀判定效果
		糞便中蟲體檢查	10	正確檢查糞便中蟲體
		蟲卵減少率計算	10	正確計算蟲卵減少率

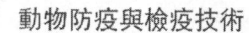

（續）

序號	考核內容	考核要點	分值	評分標準
4	驅蟲後的處理 （10分）	驅蟲後動物觀察	5	觀察動物驅蟲後反應
		驅蟲後糞便處理	5	合理處理驅蟲後糞便
	總分		100	

複習與思考

1. 根據所學知識，為肉雞養殖場制定一個飼養週期的消毒計劃。
2. 根據所學知識，為商品蛋雞場制定新城病的免疫程序。
3. 試分析養殖場免疫失敗的原因。
4. 根據所學知識，為養豬場制定衛生管理制度。
5. 分析養豬場鼠害發生的原因，簡述如何解決養豬場的鼠害。

第四章

共患疫病的檢疫規範

章節指南

本章的應用：檢疫人員依據口蹄疫、狂犬病、假性狂犬病、結核病、布魯氏菌病、炭疽、棘球蚴病、日本血吸蟲病的臨診檢疫要點進行現場檢疫；檢疫人員對共患疫病進行實驗室檢疫；檢疫人員根據檢疫結果進行檢疫處理。

完成本章所需知識點：口蹄疫、狂犬病、假性狂犬病、結核病、布魯氏菌病、炭疽、棘球蚴病、日本血吸蟲病的流行病學特點、臨診症狀和病理變化；共患疫病的實驗室檢疫方法；共患疫病的檢疫後處理；病死及病害動物的無害化處理。

完成本章所需技能點：共患疫病的臨診檢疫；假性狂犬病、結核病、布魯氏菌病的實驗室檢疫；染疫動物屍體的無害化處理。

認知與解讀

任務一 口蹄疫的檢疫

口蹄疫（Foot and mouth disease，FMD）是由口蹄疫病毒感染引起偶蹄動物的一種急性、熱性、高度接觸性傳染病。其臨診特徵是在口腔黏膜、蹄部和乳房皮膚發生水泡和潰爛。世界動物衛生組織（WOAH）將本病列為必須報告的動物傳染病。

一、臨診檢疫

1. 流行特點 本病主要侵害偶蹄動物，牛科動物（牛、瘤牛、水牛、牦牛）、綿羊、山羊、豬及所有野生反芻動物和豬科動物均易感，牛最易感，駝科動物（雙峰駱駝、單峰駱駝、美洲駝）易感性較低。易感動物可透過呼吸道、消化道、生殖道和傷口感染病毒，通常以直接或間接接觸（飛沫等）方式傳染，或經車輛、器具等被汙染物傳染。如果環境氣候適宜，病毒可隨風遠距離傳染。本病傳染性強，傳染迅速，易造成大流行。冬季、春季較易發生大流行，夏季減緩至

平息。

2. 臨診症狀 患病動物病初體溫升高，精神沉鬱，食慾不振或廢絕。患病動物唇部、舌面、齒齦、鼻鏡、蹄踵、蹄叉、乳房等部位出現水泡，水泡破潰後往往形成淺表性的紅色潰瘍。患病動物常表現運步困難、跛行，嚴重的蹄部潰爛、蹄殼脫落。成年動物致死率低，幼齡動物常突然死亡且致死率高，仔豬常成窩死亡。

3. 病理變化 咽喉、氣管、支氣管和胃黏膜可見圓形爛斑和潰瘍，胃和大小腸黏膜可見出血性炎症。心肌鬆軟似煮肉狀，心包膜有瀰漫性及點狀出血，心肌表面和切面有灰白色或淡黃色的斑點或條紋，似老虎身上的斑紋，俗稱「虎斑心」。

二、實驗室檢疫

1. 病原學檢測 採集牛、羊食道-咽部分泌液或未破裂的水泡皮和水泡液，也可採集可疑帶毒動物的淋巴結、脊髓、肌肉等組織樣品。病原學檢測方法包括定型酶聯免疫吸附試驗（定型ELISA）、多重反轉錄-聚合酶鏈式反應（多重RT-PCR）、定型反轉錄-聚合酶鏈式反應（定型RT-PCR）、病毒VP1基因序列分析、螢光定量反轉錄聚合酶鏈反應（螢光定量RT-PCR）等。

2. 血清學檢測 採集患病動物血清樣品，檢測血清抗體水準，同時可進行病毒定型和區分感染動物和免疫動物等。病毒中和試驗（VN）、液相阻斷酶聯免疫吸附試驗（LB-ELISA）、固相競爭酶聯免疫吸附試驗（SPC-ELISA）主要用於口蹄疫病毒抗體的監測和免疫效果評估；非結構蛋白（NSP）3ABC抗體間接酶聯免疫吸附試驗（3ABC-I-ELISA）、非結構蛋白（NSP）3ABC抗體阻斷酶聯免疫吸附試驗（3ABC-B-ELISA）主要用於口蹄疫病毒感染抗體的鑑別診斷。

三、檢疫後處理

1. 封鎖措施 檢出陽性或發病動物，立即上報疫情。確診後，立即劃定疫點、疫區和受威脅區，採取封鎖措施。

（1）疫點內措施。撲殺所有患病動物及同群易感動物並進行無害化處理；對排泄物、被汙染的飼料和墊料、汙水等進行無害化處理，對被汙染或可疑汙染的物品、交通工具、用具、圈舍、場地進行嚴格徹底消毒；對發病前14d售出的動物及其產品進行追蹤，並做撲殺和無害化處理。

（2）疫區內措施。關閉疫區動物產品交易市場，所有易感動物緊急免疫接種。必要時，對疫區內所有易感動物進行撲殺和無害化處理。

（3）受威脅區內措施。受威脅區內最後一次免疫超過1個月的所有易感動物，進行緊急免疫接種。

2. 封鎖的解除 疫點內最後一頭患病動物死亡或被撲殺後，14d內未出現新的病例，疫區、受威脅區緊急免疫接種完成，終末消毒結束，經上一級農業主管部門組織驗收合格後，由當地農業主管部門向發布封鎖令的地方政府申請解除封鎖。

任務二 狂犬病的檢疫

狂犬病（Rabies）俗稱瘋狗病或恐水症，是由狂犬病病毒引起的一種人畜共患的

急性傳染病。病毒主要侵害中樞神經系統，臨診表現為狂暴不安、意識障礙，最後麻痺而死亡。全世界超過 2/3 的國家和地區曾報告發生人和動物狂犬病疫情，每年因狂犬病致死的人數約 7 萬人。

一、臨診檢疫

1. 流行特點 人和溫血動物對狂犬病病毒都有易感性，犬科、貓科動物最易感。發病動物和帶毒動物是狂犬病的主要傳染源，這些動物的唾液中含有大量病毒。本病主要透過患病動物咬傷、抓傷而感染，亦可透過皮膚或黏膜損傷處接觸發病或帶毒動物的唾液感染。

2. 臨診症狀 本病的潛伏期一般為 2～8 週，短的為 10d，長的可達 1 年以上。各種動物臨診表現大致相似，多表現為狂暴型，出現行為反常，易怒，攻擊人畜，狂躁不安，食慾反常，流涎，特殊的斜視和惶恐；隨病勢發展，陷於意識障礙，反射紊亂，機體消瘦，聲音嘶啞，眼球凹陷，瞳孔散大或縮小，下顎下垂，舌脫出口外，流涎顯著；最後後軀及四肢麻痺，臥地不起，因呼吸中樞麻痺或衰竭而死。整個病程為 6～8d，少數病例可延長到 10d。

3. 病理變化 動物屍體消瘦，胃內空虛或充滿異物。軟腦膜的小血管擴張充血，輕度水腫。腦灰質和白質的小血管充血，點狀出血。

二、實驗室檢疫

1. 病原學檢測 取疑似狂犬病患病動物的腦部組織、唾液腺等樣品進行病原學檢測。

（1）包涵體檢查。取新鮮腦組織製成壓印片，塞勒氏染色鏡檢，如在神經細胞細胞質內見有圓形或橢圓形桃紅色小顆粒，即包涵體（內基氏小體）。

（2）螢光抗體技術（FAT）。該法為世界衛生組織和世界動物衛生組織共同推薦的方法，能在狂犬病的初期做出診斷。

此外還可採取小鼠和細胞培養物感染試驗、反轉錄-聚合酶鏈式反應（RT-PCR）、即時螢光定量聚合酶鏈式反應（Q-rt-PCR）。

2. 血清學檢測 主要用於確定免疫接種狀況，可用螢光抗體病毒中和試驗（FAVN）和酶聯免疫吸附試驗（ELISA）。

三、檢疫後處理

撲殺患病動物和被患病動物咬傷的其他動物，並對撲殺和發病死亡的動物進行無害化處理；對疫點內所有犬、貓進行一次狂犬病緊急免疫接種，並限制其流動；對汙染的用具、籠具、場所等全面消毒。

任務三　假性狂犬病的檢疫

假性狂犬病（Pseudorabies，PR）是由假性狂犬病毒引起的多種家畜和野生動物的一種急性傳染病，以發燒、奇癢（豬除外）、腦脊髓炎為典型症狀。

一、臨診檢疫

1. 流行特點 各種家畜和野生動物（除無尾猿外）均可感染本病，豬、牛、羊、犬、貓、家兔、小鼠、狐狸和浣熊等易感。本病可經消化道、呼吸道、損傷的皮膚感染，也可經胎盤感染胎兒，寒冷季節多發。

2. 臨診症狀 潛伏期一般為3～6d。

（1）豬。母豬感染假性狂犬病病毒後常發生流產、產死胎、弱仔、木乃伊胎等；青年母豬和空懷母豬常出現返情而屢配不孕或不發情；公豬常出現睪丸腫脹、萎縮，性功能下降，失去種用能力；15日齡內仔豬出現神經症狀，致死率可達100％；斷乳仔豬出現神經症狀和呼吸道症狀，發生率20％～30％，致死率為10％～20％；育肥豬表現為呼吸道症狀和增重滯緩。

（2）牛、羊。主要表現為發燒、奇癢及腦脊髓炎的症狀。身體某部位皮膚劇癢，動物無休止地舐舔患部，常用前肢或硬物摩擦發癢部位，有時啃咬癢部或撕脫癢部被毛。延髓受侵害時，表現咽麻痺、流涎、呼吸促迫、吼叫，多於1～3d死亡。

3. 病理變化

（1）豬。常見明顯的腦膜瘀血、出血，鼻咽部充血，肝、脾等實質臟器可見有1～2mm的灰白色壞死灶，肺可見水腫和出血點。組織病理學檢查有非化膿性腦炎變化。

（2）牛、羊。患部皮膚撕裂，皮下水腫，肺常充血、水腫。組織病理學檢查有非化膿性腦炎變化。

二、實驗室檢疫

1. 兔體接種試驗 採取發病動物扁桃體、嗅球、腦橋和肺，接種於家兔皮下或者小鼠腦內，家兔經2～5d或者小鼠經2～10d發病死亡，死亡前注射部位出現奇癢和四肢麻痺。

2. 病原學檢查 採集活體動物的扁桃體和鼻拭子、公豬精液、流產胎兒組織、死亡豬的腦和扁桃體，接種於豬腎細胞系（PK-15），觀察細胞病變效應（CPE）。對於出現CPE的細胞培養物，可以採用血清中和試驗（SN）、螢光抗體技術（FAT）或聚合酶鏈式反應（PCR）進行病毒鑑定。

3. 血清學檢查 病毒中和試驗（VN）敏感性低但特異性強，用於口岸進出口檢疫；乳膠凝集試驗（LAT）簡便快速、敏感性高，適用於基層單位對該病的現場篩查和檢測；酶聯免疫吸附試驗（ELISA）適用於實驗室開展大批樣品檢測、產地檢疫和流行病學調查。

三、檢疫後處理

1. 檢出患病動物 全部撲殺發病動物並進行無害化處理，對同群動物實施隔離並緊急免疫接種，對污染的場所、用具、物品等嚴格消毒。

2. 做好引種檢疫 種豬進場後，須隔離飼養45d，經實驗室檢查確認為豬假性狂犬病病毒感染陰性的，方可混群。

任務四 結核病的檢疫

結核病（Tuberculosis，TB）是由分枝桿菌引起的一種人畜共患的慢性傳染病。以在多種組織器官形成結核結節性肉芽腫和乾酪樣壞死、鈣化結節為特徵。世界動物衛生組織（WOAH）將其列為必須報告的動物疫病。

一、臨診檢疫

1. 流行特點 本病可侵害人和多種動物。家畜中牛最易感，特別是乳牛，其次為水牛、黃牛、牦牛，豬和家禽易感性也較強，羊極少患病。牛結核病主要由牛分枝桿菌引起，也可以由結核分枝桿菌引起。牛分枝桿菌也可感染豬、人等。禽分枝桿菌主要感染家禽，也可感染牛、豬和人。病菌隨鼻液、痰液、糞便和乳汁等排出體外，易感動物透過被汙染的空氣、飼料、飲水等經呼吸道、消化道等途徑感染。

2. 臨診症狀 本病潛伏期一般為3～6週，有的可長達數月或數年，以肺結核、乳房結核和腸結核最為常見。肺結核以長期頑固性乾咳為特徵，且以清晨最為明顯。患病動物容易疲勞，逐漸消瘦，病情嚴重者可見呼吸困難。乳房結核一般先是乳房淋巴結腫大，繼而後方乳腺區發生侷限性或瀰漫性硬結，硬結無熱無痛，表面凹凸不平。泌乳量下降，乳汁變稀，嚴重時乳腺萎縮，泌乳停止。腸結核主要表現機體消瘦，持續腹瀉與便祕交替出現，糞便常帶血液或膿汁。

3. 病理變化 在肺、乳房和胃腸黏膜等處形成特異性白色或黃白色結節，結節大小不一，切面乾酪樣壞死或鈣化，有時壞死組織溶解和軟化，排出後形成空洞。胸膜和肺膜可發生密集的結核結節，形如珍珠，又稱珍珠病。肝、腎、脾等器官也能發生結核結節。

二、實驗室檢疫

1. 病原學檢查 採集發病動物的病灶、痰、尿、糞便、乳汁及其他分泌物，作抹片或集菌處理後抹片，用抗酸染色法染色鏡檢，分枝桿菌呈紅色，其他菌及背景為藍色。還可進行病原分離培養、動物接種試驗，以及應用即時螢光定量聚合酶鏈式反應（Q-rt-PCR）檢測結核桿菌核酸。

2. 變態反應試驗 用提純結核菌素（PPD）進行皮內變態反應試驗，可檢出牛群中95%～98%的結核陽性牛。

三、檢疫後處理

1. 檢出患病動物 全部撲殺患病動物並做無害化處理，汙染場所、用具、物品嚴格消毒；同群動物實施隔離，進行結核病淨化。宰前檢疫檢出牛結核病時，病牛撲殺並做無害化處理；同群動物隔離觀察，確認無異常的，准予屠宰。宰後檢疫發現病牛，其胴體及內臟一律做無害化處理。

2. 做好引進動物檢疫 引進種牛、乳牛時，檢疫合格後方可引進；入場後，隔離觀察45d以上，再經變態反應試驗檢測結果陰性者，方可混群飼養。乳牛場透過檢疫淨化建立牛結核病淨化群（場）。

為了防止人畜互相傳染，工作人員應注意防護，並定期體檢。

任務五　布魯氏菌病的檢疫

布魯氏菌病（Brucellosis，BR）是由布魯氏菌引起的人畜共患的慢性傳染病。以流產、胎衣不下、睪丸炎、附睪炎和關節炎為主要特徵。世界上170多個國家和地區曾報告發生本病。

一、臨診檢疫

1. 流行特點　多種動物和人對布魯氏菌易感，羊、牛、豬的易感性最強，犬也有較強的易感性。雌性動物比雄性動物，成年動物比幼年動物發病多。患病動物主要透過流產物、精液和乳汁排菌，汙染環境。消化道、呼吸道、生殖道是主要的感染途徑，也可透過損傷的皮膚、黏膜等感染。本病常呈地方性流行。

2. 臨診症狀　潛伏期一般為14～180d。最顯著症狀是妊娠動物發生流產，流產後可能發生胎衣滯留和子宮內膜炎，從陰道流出汙穢不潔、惡臭的分泌物。新發病的畜群流產較多；老疫區畜群發生流產的較少，但發生子宮內膜炎、乳腺炎、關節炎、胎衣滯留、久配不孕的較多。雄性動物往往發生睪丸炎、附睪炎或關節炎。

3. 病理變化　主要病變為生殖器官的炎性壞死，脾、淋巴結、肝、腎等器官形成特徵性肉芽腫，有的可見關節炎。胎兒主要呈敗血症病變，漿膜和黏膜有出血點和出血斑，皮下結締組織發生漿液性、出血性炎症。

二、實驗室檢疫

1. 病原學檢查　採集流產胎衣、絨毛膜水腫液、肝、脾、淋巴結、胎兒胃內容物等組織，製成抹片，用柯茲羅夫斯基染色法染色鏡檢，布魯氏菌為紅色球桿菌，而其他菌為藍色。但此法檢出率低，最好同時進行分離培養、動物接種或採用聚合酶鏈式反應（PCR）檢測病原核酸。

2. 血清學檢查　初篩採用虎紅平板凝集試驗（RBT），也可採用螢光偏振試驗（FPA）和全乳環狀試驗（MRT）。確診採用試管凝集試驗（SAT），也可採用補體結合試驗（CFT）、間接酶聯免疫吸附試驗（I-ELISA）和競爭酶聯免疫吸附試驗（C-ELISA）。

三、檢疫後處理

1. 檢出患病動物　全部撲殺患病動物並做無害化處理，對同群動物隔離檢測，對汙染場所、用具、物品嚴格消毒。宰前檢疫檢出患病動物時，患病動物撲殺並做無害化處理；同群動物隔離觀察，確認無異常的，准予屠宰。宰後檢疫發現患病動物，其胴體、內臟和副產品一律無害化處理。

2. 做好引進動物檢疫　引進種用、乳用動物時，檢疫合格後方可引進；入場後，經隔離觀察至少45d，血清學檢查呈陰性者，方可混群飼養。牛羊場群透過檢疫淨化建立布魯氏菌病淨化場群。飼養人員每年要定期進行健康檢查，發現患有本病的應調離崗位，及時治療。

第四章　共患疫病的檢疫規範

任務六　炭疽的檢疫

炭疽（Anthrax）是由炭疽芽孢桿菌引起的一種人畜共患傳染病。以突然死亡、天然孔出血、屍僵不全為特徵。世界動物衛生組織（WOAH）將其列為必須報告的動物疫病。

一、臨診檢疫

1. 流行特點　各種家畜、野生動物及人對本病都有不同程度的易感性，草食動物最易感，雜食動物次之，肉食動物再次之，家禽一般不感染，人易感。本病主要經消化道、呼吸道和皮膚感染。炭疽芽孢對環境具有很強的抵抗力，其汙染的土壤、水源及場地可形成持久的疫源地，所以多呈地方性流行。本病有一定的季節性，多發生在吸血昆蟲多、雨水多、洪水泛濫的季節。

2. 臨診症狀

（1）牛。多呈急性經過。體溫 41℃ 以上，可視黏膜呈暗紫色，心跳過快、呼吸困難。呈慢性經過的病牛，在頸、胸前、肩胛、腹下或外陰部常見水腫；皮膚病灶溫度增高，堅硬，有壓痛，也可發生壞死，有時形成潰瘍；頸部水腫常與咽炎和喉頭水腫相伴發生，致使呼吸困難加重。急性病例一般經 1~2d 後死亡，亞急性病例一般經 2~5d 後死亡。

（2）羊。多呈最急性型。表現搖擺、磨牙、抽搐、掙扎、突然倒斃，有的從天然孔流出帶氣泡的黑紅色血液。病程稍長者也只持續數小時後死亡。

（3）豬。多為侷限性變化，呈慢性經過，臨診症狀不明顯，常在宰後發現病變。犬和其他肉食動物臨診症狀不明顯。

3. 病理變化

（1）敗血型。病死動物可視黏膜發紺、出血；血液呈暗紫紅色，凝固不良，黏稠似煤焦油狀；皮下、肌間、咽喉等部位有漿液性滲出及出血；淋巴結腫大、充血，切面潮紅；脾高度腫脹，達正常的數倍，脾髓呈黑紫色。

（2）局部型。豬炭疽一般為局部型。咽炭疽最多見，頜下淋巴結腫大，刀切淋巴結硬而脆，切面為深磚紅色，質地粗糙無光澤，上有暗紅色或紫色凹陷壞死灶，淋巴結周圍有不同程度膠樣浸潤，扁桃體充血、出血、水腫或壞死。其次是腸型炭疽，多發生於小腸，以腫大、出血和壞死的淋巴小結為中心，形成局灶性、出血性、壞死性病變，於腸壁上出現壞死潰瘍；腸繫膜淋巴結腫大呈出血性膠樣浸潤。

二、實驗室檢疫

1. 病原學檢查　在防止病原擴散的條件下採集病料。生前可採耳靜脈血、水腫液或血便，死後可立即採取耳尖血和四肢末端血塗片；宰後檢疫時，取淋巴結塗片。用美藍、瑞氏染色法或吉姆薩染色法染色，鏡檢發現單個或 2~4 個短鏈排列的竹節狀的帶有莢膜的粗大桿菌，可做出初步判定。進一步診斷，需進行病原分離培養及莢膜形成試驗或聚合酶鏈式反應。

2. 血清學檢查　常將病料浸出液與炭疽沉澱素血清做環狀沉澱試驗，接觸面出

83

现清晰的白色沉澱環者為陽性。此外，還可用瓊脂擴散試驗（AGID）、螢光抗體技術（FAT）等。

三、檢疫後處理

1. 零星散發的處理　對患病動物做無血撲殺處理；對同群動物強制免疫接種，並隔離觀察 20d；對動物屍體及被汙染的糞肥、墊料、飼料等進行焚燒掩埋處理；對可能被汙染的物品、交通工具、用具、圈舍等按要求進行嚴格徹底消毒。

2. 爆發流行的處理　本病呈爆發流行時，要上報地方政府，立即劃定疫點、疫區和受威脅區，實行封鎖措施。

（1）疫點內措施。患病動物和同群動物全部進行無血撲殺處理，其他易感動物緊急免疫接種；對所有病死動物、被撲殺動物，以及排泄物和可能被汙染的墊料、飼料等物品及產品焚燒掩埋處理；對圈舍、場地以及所有運載工具、飲水用具等進行嚴格徹底地消毒。限制人、易感動物、車輛進出和動物產品及可能受汙染的物品運出。

（2）疫區內措施。進出人員、車輛進行消毒，停止動物及其產品的交易、移動，所有易感動物緊急免疫接種，對圈舍、道路等可能汙染的場所進行消毒。

（3）受威脅區內措施。對受威脅區內的所有易感動物進行緊急免疫接種。

最後一頭患病動物死亡或患病動物和同群動物撲殺處理後 20d 內不再出現新的病例，進行終末消毒後，經上一級農業主管部門組織驗收合格，方能解除封鎖。

3. 屠宰檢疫的處理　宰前檢疫發現的患病動物，撲殺患病動物和同群動物並做無害化處理，汙染場所、車輛嚴格消毒。宰後檢疫發現的患病動物，立即停止生產，整個肉屍、內臟、皮毛、血液及被汙染或疑為汙染的肉屍、內臟等一律做無害化處理，被汙染的場地、用具等按規定嚴格消毒。

任務七　棘球蚴病的檢疫

棘球蚴病（Echinococcosis）又稱包蟲病，是由棘球絛蟲的幼蟲寄生於人和羊、牛、豬、犬等動物肝、肺及其他器官內所引起的一類人畜共患寄生蟲病。人的感染通常是誤食有棘球蚴的生肉或未煮熟肉而發生。

一、臨診檢疫

1. 流行特點　家畜中受害較重的是羊、牛、豬，特別是綿羊，每年早春時節發病較多，牧區發生較多。

2. 臨診症狀　綿羊致死率較高，表現為消瘦、被毛逆立、脫毛、咳嗽、倒地不起。牛常見消瘦、衰弱、呼吸困難或輕度咳嗽，產奶量下降。豬感染棘球蚴後，症狀一般不明顯，常在屠宰後發現。各種動物都可因囊泡破裂而產生嚴重的過敏反應，突然死亡。

3. 病理變化　剖檢可見肝、肺及其他臟器有棘球蚴包囊，常為球形，大小不等。囊壁厚，囊內充滿液體，棘球蚴游離在囊液中，或單個存在，或成堆（簇）寄生。

二、實驗室檢疫

1. 變態反應檢查 取新鮮棘球蚴囊液，無菌過濾，在動物頸部皮內注射 0.1～0.2mL，注射後 5～10min 內觀察，皮膚出現紅腫，直徑 0.5～2cm，15～20min 後成暗紅色者，為陽性；遲緩型在 24h 時內出現反應；24～28h 不出現反應者為陰性。

2. 血清學檢查 間接血凝試驗（IHA）和酶聯免疫吸附試驗（ELISA）具有較高的敏感性和特異性，對羊和牛的棘球蚴檢出率較高。

3. 超音波檢查 對人和動物也可用 X 光透視和超音波檢查進行診斷。

三、檢疫後處理

對發病動物隔離治療，糞便發酵處理；同群動物進行藥物預防。

宰後檢疫發現本病，病變嚴重且肌肉有退行性變化的，整個胴體和內臟做無害化處理；病變輕微且肌肉無變化的，病變內臟化製或銷毀，其餘部分一般不受限制。加強屠宰場地管理，防止犬類進入。

任務八　日本血吸蟲病的檢疫

日本血吸蟲病（Schistosomiasis japonica）是由日本血吸蟲引起的人畜共患寄生蟲病，以腹瀉、便血、消瘦、實質臟器散布蟲卵結節等為特徵。

一、臨診檢疫

1. 流行特點 帶蟲的哺乳動物和人是本病的傳染源，人、牛、羊、豬、馬、騾、驢、犬、貓及多種野生動物易感，家畜中主要發生於牛，其次是豬和羊，以 3 歲以下的小牛發生率最高，症狀最重。血吸蟲可透過皮膚、口腔黏膜、胎盤等途徑侵入宿主，中間宿主為釘螺。由於釘螺活動和尾蚴逸出都受溫度的影響，因此，本病的感染有明顯的季節性，一般 5～10 月為感染期，冬季通常不發生自然感染。

2. 臨診症狀

（1）急性型。主要表現食慾減退，精神遲鈍，體溫升到 40℃ 以上，呈不規則的間歇熱。後發生腹瀉，夾雜有血液和黏液團塊。嚴重貧血、消瘦，最後因嚴重的貧血而死亡或轉為慢性型。

（2）慢性型。症狀多不明顯，病牛進行性消瘦，貧血，被毛粗亂，無光澤，骨結明顯，乳牛產奶量下降，母牛不發情、不受孕，妊娠牛流產，甚至發生肝硬化，腹水。犢牛生長發育緩慢，多成為侏儒牛。

3. 病理變化 腹腔積液；肝初期腫大，之後萎縮、硬化，表面可見粟粒大至高粱粒大灰白色或黃色的結節；腸壁肥厚，漿膜面粗糙，並有淡黃色黃豆樣結節；腸繫膜淋巴結腫大，門靜脈血管肥厚，腸繫膜靜脈內有蟲體。

二、實驗室檢疫

1. 糞便毛蚴孵化法 採糞季節宜在春季和秋季，其次為夏季。從牛直腸中採取糞便 200g，或取新排出的糞便，分成 3 份。然後洗糞、孵化、孵育、判定。

2. 血清學檢查 主要應用間接血凝試驗（IHA）進行診斷。

三、檢疫後處理

對發病動物隔離治療，同場動物藥物預防；養殖環境徹底消毒，糞便發酵處理；消滅中間宿主釘螺。

宰後檢疫發現本病，整個胴體和內臟做無害化處理。

操作與體驗

技能一 牛結核病檢疫

（一）技能目標

(1) 掌握牛結核菌素變態反應診斷的方法。

(2) 掌握牛結核菌素變態反應診斷的判定標準。

（二）材料設備

待檢牛、鼻鉗、剪毛剪、游標卡尺、鑷子、1mL皮內針筒及針頭、提純結核菌素（PPD）、酒精棉球、煮沸消毒器、記錄表、工作服、手套、口罩、膠靴等。

（三）方法步驟

用提純結核菌素（PPD）進行皮內變態反應試驗，對活畜的結核病檢疫具有非常重要的意義。出生後20d的牛即可用本試驗進行檢疫。

1. 注射部位 將牛編號登記後，在頸側中部上1/3處剪毛（3月齡以內的犢牛，可在肩胛部），直徑約10cm，用卡尺測量術部中央皮皺厚度，做好記錄。如術部有變化時，應另選部位或在對側進行。

2. 注射劑量 每頭牛皮內注射0.1mL結核菌素，不低於2 000IU，或按試劑說明書配製的劑量注射。

3. 注射方法 保定好牛，用酒精棉球消毒術部。一手提捏起術部中央皮皺，另一手持皮內針筒，按皮內注射的方法注入預定劑量的結核菌素，注射後局部應出現小泡。如注射有疑問時，應另選15cm以外的部位或對側重新注射。

4. 觀察反應 皮內注射後第72小時進行觀察，仔細觀察注射局部有無熱、痛、腫脹等炎性反應，並用卡尺測量術部皮皺厚度，做好詳細記錄（表4-1）。第72小時觀察後，對陰性反應和疑似反應的牛，於注射後第96小時和第120小時再分別判定一次，以防個別牛出現較晚的遲發性變態反應。

5. 結果判定 分為陽性反應、疑似反應和陰性反應三種情況。

(1) 陽性反應。局部有明顯的炎性反應，皮厚差≥4.0mm者，為陽性反應（＋）。

(2) 疑似反應。局部炎性反應較輕，2.0mm＜皮厚差＜4.0mm，為疑似反應（±）。

(3) 陰性反應。無炎性反應，皮厚差≤2.0mm，為陰性反應（－）。

凡判定為疑似反應的牛隻，於第一次檢疫42d後進行複檢，其結果仍為可疑反應時，判為陽性。

第四章　共患疫病的檢疫規範

表 4-1　牛結核病檢疫記錄表

單位：　　　　　　　　　　　　　　　　　　　　　　年　月　日　檢疫員：

編號	牛號	年齡	提純結核菌素皮內注射反應							判定
			次數	注射時間	部位	原皮厚 (mm)	注射後皮厚 (mm)			
							72h	96h	120h	
			第　次	一回						
				二回						
			第　次	一回						
				二回						
			第　次	一回						
				二回						
			第　次	一回						
				二回						
			第　次	一回						
				二回						

受檢頭數＿＿＿＿＿，陽性頭數＿＿＿＿＿，疑似頭數＿＿＿＿＿，陰性頭數＿＿＿＿＿。

（四）考核標準

序號	考核內容	考核要點	分值	評分標準
1	檢疫前準備（10分）	器械消毒	3	正確消毒
		提純結核菌素檢查	2	檢查仔細、全面
		人員消毒和防護	5	程序正確、規範
2	PPD稀釋（10分）	吸取稀釋液	5	吸取量準確
		無菌操作	5	操作規範
3	注射部位選擇（25分）	動物保定	5	保定規範
		注射部位選擇	5	選擇部位準確
		剪毛操作	5	操作規範
		卡尺測量	10	測量準確
4	皮內注射（15分）	消毒操作	5	消毒規範
		注射操作	10	操作規範
5	結果判定（30分）	觀察時間	5	時間正確
		觀察反應	5	描述正確
		卡尺測量	5	測量準確
		結果判定	10	判定準確
		記錄表填寫	5	正確填寫記錄單

（續）

序號	考核內容	考核要點	分值	評分標準
6	職業素養評價（10分）	安全意識	5	注意人身安全、生物安全
		合作意識	5	具備團隊合作精神，積極與小組成員配合，共同完成任務
	總分		100	

技能二　羊布魯氏菌病檢疫

（一）技能目標

（1）會製備羊被檢血清。
（2）會用虎紅平板凝集試驗檢測羊布魯氏菌病。
（3）會用試管凝集試驗檢測羊布魯氏菌病。

（二）材料設備

1. 器材　無菌採血試管、一次性針筒、5％碘酊棉球、75％酒精棉球、來蘇兒、滅菌小試管及試管架、清潔滅菌吸管、潔淨玻璃板、牙籤、一次性防護服、手套、口罩、膠靴等。

2. 試劑　布魯氏菌試管凝集抗原、虎紅平板凝集抗原、布魯氏菌標準陽性血清、布魯氏菌標準陰性血清、含0.5％石炭酸的10％氯化鈉溶液等。

（三）方法步驟

1. 被檢血清製備　被檢羊局部剪毛消毒後，頸靜脈採血。無菌採血7～10mL於滅菌試管內，擺成斜面讓血液自然凝固，經10～12h，待血清析出後，分離血清裝入滅菌小瓶內。血清析出量少或血清蓄積於血凝塊之下時，用滅菌細鐵絲或接種環沿著試管壁穿刺，使血凝塊脫落，然後放於冷暗處，使血清充分析出。

2. 虎紅平板凝集試驗

（1）操作方法。取潔淨的玻璃板，在其上劃分成 $4cm^2$ 的方格，標記受檢血清號；在標記方格內加相應被檢血清0.03mL，再在受檢血清旁滴加布魯氏菌虎紅平板凝集抗原0.03mL；用牙籤攪動血清和抗原使之混勻。在室溫下4min內觀察記錄反應結果。同時以陽性、陰性血清作為對照。

（2）結果判定。在陰性、陽性血清對照成立的條件下，被檢血清在4min內出現肉眼可見凝集現象者判為陽性（＋），無凝集現象，呈均勻粉紅色者判為陰性（－）。

3. 試管凝集試驗

（1）被檢血清稀釋度。用1∶25、1∶50、1∶100和1∶200四個稀釋度。大規模檢疫時可只用兩個稀釋度，即山羊、綿羊、豬和犬用1∶25和1∶50，牛、馬、鹿、駱駝用1∶50和1∶100。

（2）操作方法。取小試管7支，立於試管架上，用玻璃筆在每支試管上編號，按表4-2加樣。第1管加入稀釋液1.15mL，第2、3、4管各加入0.5mL稀釋液，用1mL吸管取被檢血清0.1mL，加入第1管中，充分混勻後（一般吸吹3～4次），吸取0.25mL棄去，再吸取0.5mL混合液加入第2管，吸吹混勻後，0.5mL混合液加入第3管，如此倍比稀釋至第4管，第4管混勻後棄去0.5mL。稀釋完畢，從第1至第4管的血清稀釋度分別為1∶12.5、1∶25、1∶50和1∶100，牛、馬、鹿、駱

第四章　共患疫病的檢疫規範

駝血清稀釋法與上述基本一致，差異是第一管加 1.2mL 稀釋液和 0.05mL 被檢血清。然後將 1：20 稀釋的抗原由第 1 管起，每管加入 0.5mL，並振搖均勻。血清最後稀釋度由第 1 管起，依次為 1：25、1：50、1：100 和 1：200，牛、馬和駱駝的血清稀釋度則依次變為 1：50、1：100、1：200 和 1：400。設陽性血清、陰性血清和抗原對照，置 37℃ 溫箱 24h，取出檢查並記錄結果。

表 4-2　羊布魯氏菌病試管凝集試驗操作步驟

試管號	1	2	3	4	5	6	7
血清最終稀釋倍數	1：25	1：50	1：100	1：200	對照		
					抗原對照	陽性對照	陰性對照
含 0.5% 石炭酸的 10% 氯化鈉溶液（mL）	1.15	0.5	0.5	0.5	0.5	—	—
被檢血清（mL）	0.1	0.5 棄去 0.25	0.5	0.5	— 棄去 0.5	0.5	0.5
抗原（1：20）（mL）	0.5	0.5	0.5	0.5	0.5	0.5	0.5

（3）結果判定。

①凝集反應程度區分。試管底部有明顯傘狀凝集物，液體完全透明，抗原全部凝集，以「＋＋＋＋」表示；試管底部有明顯傘狀凝集物，75% 抗原被凝集，以「＋＋＋」表示；試管底部有傘狀凝集物，液體中度混濁，50% 抗原被凝集，以「＋＋」表示；25% 菌體凝集，試管底部有少量傘狀沉澱，液體混濁，以「＋」表示；若抗原完全不凝集，試管底部無傘狀凝集物，只有圓點狀沉澱物，液體完全混濁，以「－」表示。

②陽性判定。山羊、綿羊、豬和犬的血清凝集價為 1：50 以上者，牛、馬、鹿和駱駝 1：100 以上者，判為陽性；山羊、綿羊、豬和犬的血清凝集價為 1：25 者，牛、馬、鹿和駱駝為 1：50 者，判為可疑。可疑反應的動物經 3～4 週後重檢，牛、羊重檢仍為可疑，判為陽性；豬重檢仍為可疑，而同場的豬沒有臨診症狀和大批陽性出現者，判為陰性。

(四) 考核標準

序號	考核內容	考核要點	分值	評分標準
1	檢疫前材料準備（15 分）	器械消毒	5	程序正確
		抗原檢查	5	檢查仔細、全面
		稀釋液準備	5	配製準確
2	被檢血清製備（10 分）	採血	5	無菌操作、量符合要求
		析出血清	5	血清充分析出
3	虎紅平板凝集試驗（30 分）	樣品滴加	5	滴加準確
		操作步驟	10	步驟正確，操作規範
		結果判定	15	判定準確

89

（續）

序號	考核內容	考核要點	分值	評分標準
4	試管凝集反應（40分）	加樣	10	加樣準確
		操作步驟	10	步驟正確，操作規範
		凝集反應程度區分	10	凝集反應程度區分準確
		陽性判定	10	判定準確
5	職業素養評價（5分）	安全意識	5	注意人身安全、生物安全
	總分		100	

知識拓展

拓展知識一　人畜共患病名錄

牛海綿狀腦病、高致病性禽流感、狂犬病、炭疽、布魯氏菌病、弓形蟲病、棘球蚴病、鉤端螺旋體病、沙門氏菌病、牛結核病、日本血吸蟲病、日本腦炎、豬Ⅱ型鏈球菌病、旋毛蟲病、豬囊尾蚴病、馬鼻疽、兔熱病、大腸桿菌病（O157：H7）、李氏桿菌病、類鼻疽、放線菌病、肝片吸蟲病、絲蟲病、Q熱、禽結核病、利什曼病。

拓展知識二　牛結核病淨化群（場）的建立

汙染牛群應用提純結核菌素（PPD）皮內變態反應試驗進行反覆監測，每次間隔3個月，發現陽性牛及時撲殺並做無害化處理。凡連續兩次以上監測結果均為陰性者，可認為牛結核病淨化群。

犢牛應於20日齡時進行第一次監測，100～120日齡時進行第二次監測。凡連續兩次以上監測結果均為陰性者，可認為是牛結核病淨化群。

凡提純結核菌素皮內變態反應試驗疑似反應者，於42d後進行複檢，複檢結果為陽性，則按陽性牛處理；若仍呈疑似反應則間隔42d再複檢一次，結果仍為可疑反應者，視同陽性牛處理。

複習與思考

1. 某養豬場檢出口蹄疫時，應採取哪些處理措施？
2. 某養羊場檢出炭疽病時，應採取哪些處理措施？
3. 如何應用皮內變態反應試驗進行牛結核病檢疫？
4. 狂犬病的臨診檢疫要點有哪些？
5. 如何應用虎紅平板凝集試驗和試管凝集試驗對羊群進行布魯氏菌病檢疫？
6. 羊棘球蚴病的臨診檢疫要點有哪些？

第五章 豬疫病的檢疫管理

章節指南

本章的應用：檢疫人員依據非洲豬瘟、豬瘟、豬繁殖與呼吸症候群、豬細小病毒病、豬環狀病毒感染症、豬傳染性萎縮性鼻炎、豬鏈球菌病、副豬嗜血桿菌病、豬支原體肺炎、豬丹毒、豬肺疫的臨診檢疫要點進行現場檢疫；檢疫人員對豬疫病進行實驗室檢疫；屠宰檢疫人員進行豬旋毛蟲病、豬囊尾蚴病檢疫；檢疫人員根據檢疫結果進行檢疫處理。

完成本章所需知識點：非洲豬瘟、豬瘟、豬繁殖與呼吸症候群、豬細小病毒病、豬環狀病毒感染症、豬傳染性萎縮性鼻炎、豬鏈球菌病、副豬嗜血桿菌病、豬支原體肺炎、豬丹毒、豬肺疫、豬旋毛蟲病、豬囊尾蚴病的流行病學特點、臨診症狀和病理變化；豬疫病的實驗室檢疫方法；豬疫病的檢疫後處理；病死及病害動物的無害化處理。

完成本章所需技能點：豬疫病的臨診檢疫；豬瘟、豬繁殖與呼吸症候群、豬鏈球菌病、豬旋毛蟲病的實驗室檢疫；染疫豬屍體的無害化處理。

認知與解讀

任務一 非洲豬瘟的檢疫

非洲豬瘟（African swine fever，ASF）是由非洲豬瘟病毒引起的豬的一種急性、熱性、高度接觸性傳染病，以高燒、網狀內皮系統出血和高致死率為特徵。世界動物衛生組織（WOAH）將非洲豬瘟列為必須報告的動物疫病。

一、臨診檢疫

1. 流行特點 豬和野豬都易感，不分年齡、性別和品種。感染非洲豬瘟病毒的家豬、野豬和鈍緣軟蜱為主要傳染源，可透過直接接觸傳染，主要經呼吸道、消化道傳染，也可經鈍緣軟蜱等媒介昆蟲叮咬傳染，一年四季均可發生。

2. 臨診症狀 潛伏期為5～19d，強毒力毒株可導致豬在4～10d內100％死亡，中等毒力毒株造成的致死率一般為30％～50％，低毒力毒株僅引起少量豬死亡。

（1）最急性型。多無明顯臨診症狀而突然死亡。

（2）急性型。體溫高達42℃，沉鬱，厭食。耳、四肢、腹部皮膚有出血點，可視黏膜潮紅、發紺。眼、鼻有黏液膿性分泌物。嘔吐，便祕，糞便表面有血液和黏液覆蓋，有的腹瀉帶血。共濟失調或步態僵直，呼吸困難，病程延長則出現其他神經症狀。妊娠母豬在妊娠的任何階段均可出現流產。致死率高達100％。

（3）亞急性型。症狀與急性相同，但病情較輕，致死率較低。體溫波動無規律，一般高於40.5℃。仔豬致死率較高。病程5～30d。

（4）慢性型。呼吸困難，濕咳。消瘦或發育遲緩，體弱，毛色黯淡。關節腫脹，皮膚潰瘍。通常可存活數月，致死率低。

3. 病理變化 漿膜表面充血、出血、腎腫大出血；心內外膜有大量出血點；胃、腸道黏膜瀰漫性出血；膽囊、膀胱黏膜出血；肺腫大，表面有出血點，切面流出泡沫性液體，氣管內有血性泡沫樣黏液；脾腫大，易碎，呈暗紅色至黑色，表面有出血點，有的出現邊緣梗塞；淋巴結腫大，出血嚴重。

二、實驗室檢疫

1. 病原學檢測 採集抗凝血、脾、扁桃體、淋巴結、腎和骨髓等組織樣品，如環境中存在鈍緣軟蜱，也應一併採集。採用病毒紅血球吸附試驗（HAD）、螢光抗體技術（FAT）、聚合酶鏈式反應（PCR）、即時螢光PCR和雙抗體夾心酶聯免疫吸附試驗等方法檢測。

2. 血清學檢測 檢測豬血清或血漿中非洲豬瘟病毒抗體，可採用直接酶聯免疫吸附試驗（ELISA）、間接酶聯免疫吸附試驗（I-ELISA）和間接螢光抗體病毒中和試驗（IFAVN）等方法。

三、檢疫後處理

1. 封鎖措施 發現家豬、野豬異常死亡，疑似非洲豬瘟時，立即上報疫情，對病豬及同群豬採取隔離、消毒等措施。確診後，立即劃定疫點、疫區和受威脅區，採取封鎖措施。

（1）疫點內措施。撲殺所有的病豬和帶毒豬，並對所有病死豬、被撲殺豬及其產品進行無害化處理，對排泄物、被汙染飼料和墊料、汙水等進行無害化處理，對被汙染或可疑汙染的物品、交通工具、用具、畜舍、場地進行嚴格徹底消毒。

（2）疫區內措施。撲殺並銷毀疫區內的所有豬，並對所有被撲殺豬及其產品進行無害化處理。對豬舍、用具及場地進行嚴格消毒，關閉生豬交易市場和屠宰場，禁止易感豬及其產品運出。

（3）受威脅區內措施。關閉生豬交易市場，對生豬養殖場、屠宰場進行全面監測和感染風險評估，及時掌握疫情動態。

對疫區、受威脅區及周邊地區野豬分布狀況進行調查和監測，並採取措施，避免野豬與家豬接觸。

2. 封鎖的解除 疫點和疫區內最後一頭豬死亡或撲殺，並按規定進行消毒和無

第五章　豬疫病的檢疫管理

害化處理 6 週後，經疫情發生所在地的上一級農業主管部門組織驗收合格後，由農業主管部門向原發布封鎖令的地方政府申請解除封鎖，由該地方政府發布解除封鎖令，並通報毗鄰地區和有關部門，報上一級政府備案。

任務二　豬瘟的檢疫

豬瘟（Classical swine fever，CSF）是由豬瘟病毒引起的豬的一種高度接觸性、出血性和致死性傳染病。其特徵是發病急，高熱滯留，全身廣泛性出血，實質器官出血、壞死和梗塞。世界動物衛生組織（WOAH）將豬瘟列為必須報告的動物疫病。

一、臨診檢疫

1. 流行特點　本病在自然條件下只感染豬，不同年齡、性別、品種的豬和野豬都易感。發病豬和帶毒豬是本病的傳染源，可經呼吸道、消化道、胎盤和交配等途徑傳染。一年四季均可發生。急性爆發時，最先為急性型，之後出現亞急性型，至流行後期少數呈慢性型。

2. 臨診症狀　潛伏期為 5～7d，最短的 2d，最長的 21d。可分為最急性型、急性型、亞急性型、慢性型等。

（1）最急性型。多見於流行初期，突然發病，高熱滯留，全身痙攣，四肢抽搐，皮膚和黏膜發紺。經 1～5d 死亡。

（2）急性型。最為常見；體溫在 41～42℃，高熱滯留；喜臥、拱背、寒顫及行走搖晃；食慾減退或廢絕，初期便祕，後期腹瀉，糞便惡臭，帶有黏液或血液；眼結膜發炎，流黏液或膿性分泌物；鼻端、耳根、腹部及四肢內側的皮膚出現出血斑點；公豬包皮內積尿，用手擠壓後有惡臭混濁液體流出。病程 1～3 週。

（3）亞急性型。同急性型相似，但病情緩和。病程 3～4 週。

（4）慢性型。病豬表現被毛粗亂，消瘦貧血，精神沉鬱，食慾減少，衰弱無力，行動蹣跚，體溫時高時低，便祕和腹瀉交替。有些病豬的耳尖、尾端和四肢下部皮膚呈藍紫色或壞死、脫落。病程可長達 1 個月以上，不死者生長遲緩，成為僵豬。

3. 病理變化

（1）急性型和亞急性型。全身淋巴結腫脹、充血、出血，切面呈現大理石樣病變；腎色澤變淡，表面可見針尖狀出血點；脾不腫大，邊緣有暗紫色、突出於表面的出血性梗塞；喉頭、膀胱、膽囊黏膜及心臟、扁桃體可見出血點和出血斑；胃腸黏膜呈出血性或卡他性炎症。

（2）慢性型。主要表現為在迴腸末端、盲腸和結腸常見鈕扣狀潰瘍。

二、實驗室檢疫

1. 病原學檢測　採集扁桃體、腎、脾或淋巴結等組織樣品，採用螢光抗體技術、兔體互動免疫試驗進行病原鑑定，也可採用反轉錄-聚合酶鏈式反應（RT-PCR）、即時螢光 RT-PCR 和豬瘟抗原雙抗體夾心 ELISA 等方法檢測。

2. 血清學檢測　檢測豬血清或血漿中豬瘟病毒抗體，可採用阻斷酶聯免疫吸附試驗（B-ELISA）、競爭酶聯免疫吸附試驗（C-ELISA）、間接酶聯免疫吸附試驗（I-ELISA）和螢光抗體病毒中和試驗（FAVN）等方法。

三、檢疫後處理

1. 封鎖措施　發現疑似豬瘟時，立即上報疫情，對病豬及同群豬採取隔離、消毒等措施。確診後，立即劃定疫點、疫區和受威脅區，採取封鎖措施。

（1）疫點內措施。撲殺所有的病豬和帶毒豬，並對所有病死豬、被撲殺豬及其產品進行無害化處理，對排泄物、被汙染飼料和墊料、汙水等進行無害化處理，對被汙染或可疑汙染的物品、交通工具、用具、圈舍、場地進行嚴格徹底消毒。

（2）疫區內措施。停止疫區內豬及其產品的交易活動，禁止易感豬及其產品運出，所有易感豬緊急免疫接種。

（3）受威脅區內措施。對易感豬進行緊急免疫接種。

2. 封鎖的解除　疫點內所有病死豬、被撲殺的豬按規定進行處理，疫區內沒有新的病例發生，徹底消毒10d後，經上一級農業主管部門組織驗收合格，由當地農業主管部門提出申請，由發布封鎖令的地方政府解除封鎖。

任務三　豬繁殖與呼吸症候群的檢疫

豬繁殖與呼吸症候群（PRRS）俗稱藍耳病，是由豬繁殖與呼吸症候群病毒引起的高度接觸性傳染病。本病分為經典豬藍耳病和高致病性豬藍耳病。世界動物衛生組織將高致病性豬藍耳病列為必須報告的動物疫病。

一、臨診檢疫

1. 流行特點　本病只感染豬，不同年齡和品種的豬均可感染，妊娠母豬和仔豬最易感。傳染源是病豬和帶毒豬，本病可經呼吸道、胎盤和交配等途徑傳染。豬舍衛生條件不良，飼養密度過大，氣候惡劣，可促進本病流行。

2. 臨診症狀

（1）經典型。潛伏期一般為7～14d。妊娠母豬出現食慾不振、發燒、嗜睡，繼而發生流產、早產、死胎，偶見木乃伊胎，活仔豬體重小而且衰弱。種公豬表現厭食、嗜睡、呼吸道症狀，精液品質降低。哺乳仔豬表現精神沉鬱、消瘦、呼吸困難、食慾不振、後肢麻痹、耳部皮膚出現紫色斑塊，初感染群致死率可達50%以上。育肥豬症狀較輕，可出現輕微的呼吸道症狀，發育遲緩。

（2）高致病型。潛伏期一般為3～10d。體溫可達41℃以上；皮膚有瀰漫性紅斑、眼結膜炎、眼瞼水腫；咳嗽、氣喘等呼吸道症狀；部分豬出現後軀無力、不能站立或共濟失調等神經症狀；仔豬發生率可達100%、致死率可達50%以上，母豬流產率可達30%以上，成年豬也發病死亡。

3. 病理變化

（1）經典型。主要見瀰漫性間質性肺炎、淋巴結腫大、胸腹腔積液等。

（2）高致病型。脾邊緣或表面出現梗塞灶；腎呈土黃色，表面可見針尖至小米粒

第五章　豬疫病的檢疫管理

大出血點；皮下、扁桃體、心臟、膀胱、肝和腸道均可見出血點和出血斑；部分病例可見胃腸道出血、潰瘍、壞死。

二、實驗室檢疫

1. 病原學檢查　無菌採取病豬的血清、腹水或死亡豬的肺、扁桃體、淋巴結和脾等組織，進行病毒分離，採用免疫過氧化物酶單層試驗（IPMA）或間接螢光抗體技術（IFAT）進行病毒鑑定。也可應用反轉錄-聚合酶鏈式反應（RT-PCR）檢測肺、扁桃體、淋巴結和脾等組織樣品及細胞培養物和精液中的病毒。

2. 血清學檢查　檢測豬血清中的本病抗體，可採用阻斷酶聯免疫吸附試驗（B-ELISA）。

三、檢疫後處理

1. 經典藍耳病　撲殺所有病豬，對同群豬採取隔離措施並緊急免疫接種，加強場地消毒，對屍體、死胎及流產物進行無害化處理。引進種豬必須隔離飼養45d，經血清學檢測陰性者，方可混群。

2. 高致病性藍耳病　發現疑似高致病性藍耳病疫情時，應立即上報疫情。確診後，立即劃定疫點、疫區及受威脅區，採取封鎖措施。撲殺疫點內所有病豬和同群豬，對病死豬、排泄物及被汙染飼料、墊料、汙水等進行無害化處理，對被汙染的物品、交通工具、用具、豬舍、場地等進行徹底消毒。對疫區和受威脅區易感豬進行緊急免疫接種。

疫區內最後一頭病豬撲殺或死亡後14d以上，未出現新的疫情，對相關場所和物品實施終末消毒後，經審驗合格，由當地農業主管部門提出申請，由發布封鎖令的地方政府宣布解除封鎖。

任務四　豬細小病毒病的檢疫

豬細小病毒病（Porcine parvovirus infection，PPI）是由豬細小病毒引起的豬的一種繁殖障礙性疾病。以胎兒和胚胎感染及死亡為特徵。

一、臨診檢疫

1. 流行特點　豬是本病唯一的易感動物，不同年齡、性別的豬都可感染，傳染源主要是病豬和帶毒豬。本病可透過胎盤傳染給胎兒，感染本病的母豬所產胎兒和子宮分泌物中含有病毒，可汙染飼料、豬舍內外環境，再經呼吸道和消化道引起健康豬感染。感染公豬的精液中含有病毒，在配種時可傳染給母豬。

2. 臨診症狀　妊娠母豬出現繁殖障礙，產仔數少、流產、產死胎、木乃伊胎、發育不正常胎、產後久配不孕等，初產母豬多發。

3. 病理變化　母豬子宮內膜有輕微炎症，胎盤有部分鈣化。感染胎兒還可見充血、水腫、出血、體腔積液、木乃伊化及壞死等病變。

95

二、實驗室檢疫

1. 病原學檢查 檢測豬血清和組織中的豬細小病毒，可採用聚合酶鏈式反應（PCR）、螢光抗體技術（FAT）等。

2. 血清學檢查 檢查豬血清中的抗體，可用血凝抑制試驗（HI）、乳膠凝集試驗（LAT）、酶聯免疫吸附試驗（ELISA）等方法。

三、檢疫後處理

1. 檢出病豬 立即隔離病豬及同群豬，圈舍嚴格消毒，必要時撲殺病豬。病死豬屍體及流產物做無害化處理。

2. 加強種豬檢疫 種豬場要進行豬細小病毒病淨化。種豬進場後，必須隔離飼養45d，經實驗室檢查確認為豬細小病毒野毒感染陰性的，方可混群。

任務五　豬環狀病毒感染症的檢疫

豬環狀病毒感染症（Porcine circovirus diseases，PCVD）是由環狀病毒2型（PCV-2）引起豬的多種症候群的統稱，包括斷乳仔豬多系統衰弱症候群（PMWS）、豬皮炎腎病症候群（PDNS）、豬環狀病毒2型繁殖障礙等。

一、臨診檢疫

1. 流行特點 各年齡的豬均可感染，但主要發生在斷乳後仔豬，一般集中在5～18週齡的豬。本病主要經過口鼻接觸傳染，飼養管理不善、通風不良、溫度不適、免疫接種壓力等因素可誘發本病。

2. 臨診症狀

（1）斷乳仔豬多系統衰弱症候群。病豬表現消瘦、肌肉無力、腹瀉、呼吸困難、黃疸、貧血、生長發育不良。多見於6～12週齡的仔豬。

（2）豬皮炎腎病症候群。多見於保育豬、生長豬。病豬表現厭食、沉鬱、輕微發燒、不願行走，皮膚出現紅色或紫紅色的隆起的不規則丘疹。

（3）豬環狀病毒2型繁殖障礙。母豬返情率增加、產木乃伊胎、流產以及死產和產弱仔等。

3. 病理變化

（1）斷乳仔豬多系統衰弱症候群。淋巴結腫大，切面可見均勻的灰白色；胸腺萎縮；肺多發生瀰漫性間質性肺炎。

（2）豬皮炎腎病症候群。腎腫大，有出血點和壞死點。病程較長的可見慢性腎小球腎炎。

（3）豬環狀病毒2型繁殖障礙。死產和不發育仔豬表現肝瘀血和纖維素性或壞死性心肌炎。

二、實驗室檢疫

1. 病原學檢查 無菌採集病死豬的淋巴結、脾、肺、腎等組織樣品或病豬的抗

凝血等樣品，透過間接螢光抗體技術（IFAT）、聚合酶鏈式反應（PCR）、巢式聚合酶鏈式反應（n-PCR）、即時螢光 PCR 等方法檢查 PCV-2。

2. 血清學檢查　主要採用酶聯免疫吸附試驗（ELISA）。

三、檢疫後處理

1. 檢出病豬　及時隔離病豬及同群豬，必要時撲殺病豬。加強圈舍消毒，病死豬屍體、流產胎兒及流產物進行無害化處理。

2. 做好引種檢疫　種豬調運前要進行實驗室檢查，抗原檢測陰性為合格。種豬進場後，必須隔離飼養 45d，經實驗室檢查確認為 PCV-2 陰性的，方可混群。

任務六　豬傳染性萎縮性鼻炎的檢疫

豬傳染性萎縮性鼻炎（Atrophic rhinitis of swine）是由支氣管敗血波氏桿菌和產毒性多殺性巴氏桿菌單獨或聯合引起豬的慢性呼吸道病。特徵為鼻炎、鼻甲骨萎縮和鼻變形。

一、臨診檢疫

1. 流行特點　各年齡的豬均可感染，幼齡豬易感性強。病豬和帶菌豬是主要的傳染源。本病主要經呼吸道感染，發展較慢，多為散發。

2. 臨床症狀　表現鼻塞，不能長時間將鼻端留在粉料中採食；鼻出血，飼槽沿上染有血液；兩側內眼角下方頰部形成「淚斑」；鼻部和顏面變形（上額短縮，前齒咬合不齊等），鼻端向一側彎曲或鼻部向一側歪斜，鼻背部橫皺褶逐漸增加，眼上緣水平上的鼻梁變平變寬；發育遲滯等。

3. 病理變化　鼻腔的軟骨組織和骨組織的軟化萎縮，鼻甲骨下捲曲消失。嚴重病例鼻甲骨完全消失、鼻中隔偏曲，鼻腔變成一個鼻道。

二、實驗室檢疫

1. 細菌學檢查　自鼻腔中後部採集鼻黏液同時進行支氣管敗血波氏桿菌Ⅰ相菌及產毒素性多殺巴氏桿菌的分離。豬支氣管敗血波氏桿菌分離物的特性透過生化試驗和綿羊血改良鮑姜氏瓊脂平板培養鑑定，產毒素性多殺巴氏桿菌分離物的特性透過生化試驗、莢膜定型、毒素檢測等鑑定。也可採用聚合酶鏈式反應（PCR）檢測組織樣品中的病原。

2. 血清學檢查　應用較少，凝集試驗對確定本病有一定的價值。

三、檢疫後處理

1. 檢出病豬　淘汰病豬，同群豬隔離飼養，對汙染的環境徹底消毒。

2. 做好引種檢疫　種豬調運前要嚴格檢疫，檢疫合格，方可引進。種豬進場後，必須隔離飼養 45d，無異常表現，方可混群。

任務七　豬鏈球菌病的檢疫

豬鏈球菌病（Swine streptococcosis）是由多種鏈球菌引起的人畜共患傳染病。以急性出血性敗血症和腦炎、慢性關節炎、心內膜炎、化膿性淋巴結炎為特徵。

一、臨診檢疫

（一）流行特點

豬、馬屬動物、牛、綿羊、山羊、雞、兔、水貂以及一些水生動物等均有易感性，不同年齡、品種豬均易感，豬Ⅱ型鏈球菌可感染人。

病豬和帶菌豬是本病的主要傳染源，主要經消化道、呼吸道和損傷的皮膚感染。本病一年四季均可發生，夏、秋季多發。

（二）臨診症狀

臨診症狀可分為敗血型、腦膜炎型和淋巴結膿腫型等類型。

1. 敗血型　分為最急性型、急性型和慢性型三類。

（1）最急性型。發病急、病程短。體溫高達41～43℃，呼吸迫促，多在24h內死於敗血症。

（2）急性型。多突然發生，體溫升高40～43℃，呼吸迫促，鼻鏡乾燥，從鼻腔中流出漿液性或膿性分泌物。結膜潮紅，流淚，頸部、耳郭、腹下及四肢下端皮膚呈紫紅色，並有出血點。多在1～3d死亡。

（3）慢性型。表現為多發性關節炎。關節腫脹，跛行或癱瘓，最後因衰弱、麻痹致死。

2. 腦膜炎型　以腦膜炎為主，多見於仔豬。主要表現為神經症狀，如磨牙、口吐白沫，轉圈運動，抽搐，倒地後四肢划動似游泳狀，最後麻痹而死。病程短的幾小時，長的1～5d，致死率高。

3. 淋巴結膿腫型　以頜下、咽部、頸部等處淋巴結化膿和形成膿腫為特徵。

（三）病理變化

1. 敗血型　鼻黏膜紫紅色、充血及出血，喉頭、氣管充血，常有大量泡沫。肺充血腫脹。全身淋巴結有不同程度的腫大、充血和出血。脾腫大1～3倍，呈暗紅色，邊緣有黑紅色出血性梗塞區。胃和小腸黏膜有不同程度的充血和出血，腎腫大、充血和出血，腦膜充血和出血，有的腦切面可見針尖大的出血點。

2. 腦膜炎型　腦膜充血、出血，嚴重者溢血；部分腦膜下有積液，腦切面有針尖大的出血點；其他病變與敗血型相同。

3. 淋巴結膿腫型　關節腔內有黃色膠凍樣或纖維素性、膿性滲出物，淋巴結膿腫。有些病例心瓣膜上有菜花樣贅生物。

二、實驗室檢疫

1. 塗片鏡檢　組織觸片或血液塗片，可見革蘭陽性球形或卵圓形細菌，無芽孢，有的可形成莢膜，常呈單個、雙連的細菌，偶見短鏈排列。

2. 分離培養　該菌為需氧或兼性厭氧，在血液瓊脂平板上接種，37℃培養24h，

形成無色露珠狀細小菌落，菌落周圍有溶血現象。鏡檢可見長短不一、鏈狀排列的細菌。

3. 菌型鑑定　用聚合酶鏈式反應（PCR）進行菌型鑑定。

三、檢疫後處理

1. 零星散發　無血撲殺病豬，同群豬立即進行免疫接種或藥物預防，並隔離觀察 14d。對被撲殺的豬、病死豬及排泄物、可能被汙染的飼料和汙水等進行無害化處理；對可能被汙染的物品、交通工具、用具、圈舍進行嚴格徹底消毒。周圍所有易感動物進行緊急免疫接種。

2. 爆發流行　本病呈爆發流行時，劃定疫點、疫區和受威脅區，採取封鎖措施。對病豬做無血撲殺處理，對同群豬立即做免疫接種或藥物預防，並隔離觀察14d，必要時對同群豬進行撲殺處理。對疫區和受威脅區內的所有豬進行緊急免疫接種。對病死豬及排泄物、可能被汙染飼料和汙水等進行無害化處理；對圈舍、道路等可能汙染的場所進行徹底消毒。停止疫區內生豬的交易、屠宰、運輸、移動。

最後一頭病豬撲殺 14d 後，經上一級農業主管部門組織驗收合格，由當地農業主管部門向原發布封鎖令的地方政府申請解除封鎖。

3. 屠宰檢疫　宰前檢疫檢出的病豬，立即撲殺並進行無害化處理，同群豬隔離觀察，確認無異常的，准予屠宰。宰後檢疫檢出病豬，其胴體、內臟等進行無害化處理。

任務八　副豬嗜血桿菌病的檢疫

副豬嗜血桿菌病（Haemophilus parasuis，HP）是由副豬嗜血桿菌引起豬的多發性漿膜炎和關節炎的統稱。以咳嗽、呼吸困難、消瘦、跛行，多發性漿膜炎和關節炎為特徵。

一、臨診檢疫

1. 流行特點　通常只感染豬，從 2 週齡到 4 月齡的豬均易感，但以 5～8 週齡的保育仔豬最為多見。病豬和帶菌豬為主要傳染源，本病主要透過空氣、直接接觸和排泄物傳染。本病的發生與氣候變化、飼料和飲水供應不足、運輸等環境壓力有關。

2. 臨診症狀

（1）急性感染。病豬體溫 40～41℃，精神沉鬱，食慾減退；氣喘咳嗽、呼吸困難，鼻孔有漿液性及黏液性分泌物；關節腫脹，跛行，共濟失調；一般 2～3d 死亡。

（2）慢性感染。病豬消瘦虛弱，被毛粗亂，生長不良；咳嗽，呈腹式呼吸，四肢無力，跛行，關節腫大。

3. 病理變化　胸腔內有大量的淡紅色液體及纖維素性滲出物，肺與胸壁黏連；腹膜有化膿性或纖維素性炎症，腹腔積液或內臟器官黏連；心包積液，心包內常有乾酪樣甚至豆腐渣樣滲出物，與心臟黏連在一起，形成「絨毛心」；關節腫大，有漿液性纖維素性炎症。

二、實驗室檢疫

1. 病原學檢查

（1）塗片鏡檢。無菌操作採集病豬的腦脊液、呼吸道分泌物、胸腹腔積液等病料，進行組織觸片鏡檢。副豬嗜血桿菌為多形態的病原體，一般呈短小桿狀，革蘭染色陰性，美藍染色呈兩極濃染，著色不均勻。

（2）分離培養。將病料接種到巧克力瓊脂培養基或鮮血瓊脂培養基，再將可疑菌落與金黃色葡萄球菌垂直劃線於無煙醯胺腺嘌呤二核苷酸（NAD）的血液平板上，37℃培養24～48h，可以看到「衛星生長現象」，且無溶血現象。

（3）聚合酶鏈式反應（PCR）。可檢測氣管分泌物、肺組織、關節液中病原的核酸。

2. 血清學檢查　常用的檢測方法有間接酶聯免疫吸附試驗（I-ELISA）、瓊脂擴散試驗（AGID）和補體結合試驗（CF）。

三、檢疫後處理

發現病豬時，應及時隔離治療病豬，同群豬隔離飼養，並進行藥物預防；病死豬進行無害化處理，汙染的環境徹底消毒。

宰前檢疫檢出病豬，立即撲殺並進行無害化處理，同群豬隔離觀察，確認無異常的，准予屠宰。宰後檢疫檢出病豬，其胴體、內臟等進行無害化處理。

任務九　豬支原體肺炎的檢疫

豬支原體肺炎（Mycoplasmal pneumonia of swine，MPS）是由豬肺炎支原體引起豬的一種慢性呼吸道傳染病，俗稱豬氣喘病。特徵為咳嗽、氣喘和融合性支氣管肺炎。

一、臨診檢疫

1. 流行特點　本病不同品種、年齡、性別的豬均易感，但哺乳仔豬和斷乳仔豬易感染，育肥豬發生率低，成年豬多呈慢性或隱性感染。病豬和帶菌豬是主要的傳染源，呼吸道是本病的主要傳染途徑，透過咳嗽、氣喘和噴嚏等將病原排出，形成飛沫而感染。一年四季均可發病，但在寒冷、多雨、潮濕或氣候驟變時發病較多。

2. 臨診症狀　病豬消瘦、生長發育遲緩。慢性乾咳，在清晨、晚間、採食時或運動後最明顯。體溫一般不升高。隨著病程的發展，可出現呼吸短促、腹式呼吸、犬坐姿勢、連續性痙攣性咳嗽、口鼻處有泡沫等症狀。

3. 病理變化　肺表現為融合性支氣管肺炎，初期病變多見於心葉、尖葉和膈葉前下緣，呈淡紅色或灰紅色，半透明狀，病變部界線明顯，似鮮肌肉樣，俗稱「肉變」；病變區切面濕潤，小支氣管內有灰白色泡沫狀液體。隨著病程延長，病變色澤變深，半透明狀程度減輕，俗稱「胰變」或「蝦肉樣變」。肺門和縱隔淋巴結腫大，切面多汁外翻，邊緣輕度充血，呈灰白色。

二、實驗室檢疫

1. X 光透視檢查 可疑患豬進行 X 光透視檢查。

2. 病原學檢測 採用巢式聚合酶鏈式反應（n-PCR）直接檢測肺和其他器官組織樣品中的病菌抗原。也可採用螢光抗體技術（FAT）、免疫組化試驗（IHC）等方法檢測。

3. 血清學檢查 通常用於感染群的篩查和豬群免疫水準的評估。常用的方法有間接酶聯免疫吸附試驗（I-ELISA）和補體結合試驗（CFT）。

三、檢疫後處理

檢疫中發現本病時，立即進行全群檢查，按檢查結果分群隔離，合理治療，淘汰發病母豬，對汙染的環境、用具徹底消毒。

宰前檢疫檢出病豬，撲殺病豬並進行無害化處理，同群豬隔離觀察，確認無異常的，准予屠宰。宰後檢疫檢出病豬，病變內臟進行無害化處理，胴體一般不受限制。

任務十　豬丹毒的檢疫

豬丹毒（Swine erysipelas，SE）是由豬丹毒桿菌引起的一種急性或慢性傳染病。以急性敗血症和亞急性皮膚疹塊為主要特徵。

一、臨診檢疫

1. 流行特點 豬丹毒桿菌能感染多種動物和人，主要為豬，3～6 月齡的豬發生率最高。病豬和帶菌豬是本病的傳染源，經消化道、傷口（皮膚、口腔、胃黏膜）傳染給易感豬，也可由蚊、蠅、虱、蜱等吸血昆蟲傳染。

2. 臨診症狀 潛伏期一般為 3～5d，分為急性敗血型、亞急性疹塊型和慢性型。

（1）急性敗血型。突然發生，體溫 42～43℃，滯留熱，眼結膜充血，病初糞便乾燥，後期腹瀉。發病不久會在耳、頸、背部等處皮膚出現紅斑，指壓褪色。病豬常於 2～4d 死亡，致死率高。

（2）亞急性疹塊型。體溫 41～42℃，皮膚上有菱形、圓形或方形疹塊，稍凸出於皮膚表面，呈紅色或紫色，中間色淺，邊緣色深，指壓褪色，病程 1～2 週。

（3）慢性型。有多發性關節炎和慢性心內膜炎，也可見慢性壞死性皮炎。

3. 病理變化

（1）急性敗血型。全身淋巴結腫大，切面多汁，有出血點；腎腫大，呈暗紅或深紅色；脾腫大柔軟，呈櫻桃紅色；肝腫大，呈暗紅色。

（2）亞急性疹塊型。以皮膚疹塊為特徵性變化，充血斑中心可因水腫壓迫呈蒼白色。

（3）慢性型。可見菜花樣心內膜炎，穿山甲樣皮膚壞死，纖維素性關節炎。

二、實驗室檢疫

1. 細菌學檢查 取高燒期的耳靜脈血液、皮膚疹塊邊緣滲出液，慢性病例關節滑囊液作為病料，塗片染色鏡檢，可見革蘭陽性、纖細的小桿菌。鑑定本菌需要進行

分離培養和生化試驗，也可採用聚合酶鏈式反應（PCR）直接檢測病料中的病原菌。

2. 血清學檢查　檢測豬血清中的豬丹毒抗體，可採用凝集試驗、間接螢光抗體技術（IFAT）、被動凝集試驗（PHA）、酶聯免疫吸附試驗（ELISA）和補體結合試驗（CFT）等。

三、檢疫後處理

檢出病豬時，及時隔離治療病豬，汙染圈舍及物品要嚴格消毒，病死豬屍體深埋或化製。同群未發病的豬進行藥物預防，隔離觀察 2～4 週後，再接種疫苗。對患慢性豬丹毒的病豬及早淘汰進行無害化處理。

宰前檢疫檢出病豬，撲殺病豬並進行無害化處理，同群豬隔離觀察，確認無異常的，准予屠宰。宰後檢疫檢出病豬，其胴體、內臟及其副產品進行無害化處理。

任務十一　豬肺疫的檢疫

豬肺疫（Pneumonic pasteurellosis）又稱豬巴氏桿菌病，是由多殺性巴氏桿菌所引起的一種急性、熱性傳染病。以最急性呈敗血症和咽喉炎，急性呈纖維素性胸膜肺炎為主要特徵。

一、臨診檢疫

1. 流行特點　多種動物均可感染多殺性巴氏桿菌，豬、兔、雞、鴨發病較多，各種年齡的豬都可感染發病。傳染源為病豬和健康帶菌豬，經消化道和呼吸道傳染，也可透過吸血昆蟲叮咬皮膚及黏膜傷口傳染。本病無明顯季節性，但以冷熱交替，氣候劇變，潮濕多雨季節發生較多，營養不良、長途運輸、飼養條件改變等不良因素可促進本病發生。

2. 臨診症狀　潛伏期 1～5d，分為最急性型、急性型和慢性型。

（1）最急性型。常無明顯症狀而突然死亡。病程稍長者，體溫 41～42℃，食慾廢絕、可視黏膜發紺、皮膚出現紅斑。頸下嚨喉部發熱、紅腫、堅硬，嚴重者延至耳根、胸前。病豬呼吸極度困難，呈犬坐姿勢，伸長頭頸，有時可發出喘鳴聲，口鼻流出泡沫，多 1～2d 內死亡。

（2）急性型。體溫 40～41℃，初發生痙攣性乾咳，呼吸困難，鼻流黏稠液，後轉為痛性濕咳。常有黏膿性結膜炎。初便祕，後腹瀉。後期皮膚出現紫斑或小出血點。病程 5～8d，不死的轉為慢性。

（3）慢性型。主要表現為慢性肺炎和慢性胃腸炎。持續性咳嗽和呼吸困難，有少許黏液性或膿性鼻液。常有腹瀉，食慾不振，營養不良，極度消瘦，有痂樣濕疹，關節腫脹，病程 2 週以上。

3. 病理變化

（1）最急性型。咽喉部、頸部皮下組織有出血性漿液性炎症，切開皮膚時，有大量膠凍樣淡黃色水腫液；全身淋巴結腫大，切面紅色；心內外膜有出血斑點；肺充血、水腫；胃腸黏膜有出血性炎症；脾出血，不腫大。

（2）急性型。纖維素性肺炎，肺有不同程度的肝變區，周圍常伴有水腫和氣腫；

胸膜常有纖維素性附著物，嚴重的胸膜與肺黏連。胸腔及心包積液，支氣管、氣管內含有多量泡沫狀黏液。淋巴結腫大，切面紅色。

（3）慢性型。肺肝變區廣大，並有黃色或灰色壞死灶，外面有結締組織包囊，內含乾酪樣物質，有的形成空洞，與支氣管相通。心包與胸腔積液，胸腔有纖維素性沉著，常與肺黏連。

二、實驗室檢疫

1. 直接染色鏡檢　取心血、胸腔滲出液、肝、脾或淋巴結，做組織觸片或塗片，瑞氏或美藍染色鏡檢，可見兩端著色的小桿菌。

2. 分離培養鑑定　取上述病料進行分離培養，擷取細菌純培養物。透過生化試驗、聚合酶鏈式反應（PCR）判定培養物中的病原菌，採用間接血凝試驗（IHA）、多重PCR莢膜定型法鑑定培養物莢膜血清型，採用瓊脂擴散試驗（AGID）鑑定培養物菌體血清型。

三、檢疫後處理

檢出病豬時，隔離病豬，及時治療，嚴重的做無血撲殺處理；汙染圈舍及物品嚴格消毒，屍體深埋或化製處理；同群未發病的豬進行藥物預防；患慢性豬肺疫的病豬應及早淘汰並進行無害化處理。

宰前檢疫檢出病豬，撲殺病豬並進行無害化處理，同群豬隔離觀察，確認無異常的，准予屠宰。宰後檢疫檢出病豬，其胴體、內臟及其副產品進行無害化處理。

任務十二　豬旋毛蟲病的檢疫

旋毛蟲病（Trichinellosis）是由旋毛蟲屬寄生蟲所引起的人畜共患的寄生蟲病。豬旋毛蟲病被世界動物衛生組織（WOAH）列為屠宰生豬強制性必檢的病種。

一、臨診檢疫

1. 流行特點　豬、犬、貓、鼠類、狐狸、狼、熊、野豬等多種動物對旋毛蟲易感，豬盛行率最高，人也易感。旋毛蟲的成蟲和幼蟲寄生於同一宿主，感染後宿主先為終末宿主，成蟲產出幼蟲後可作為中間宿主。本病主要透過感染動物肉類傳染，動物因食入染疫肉而發病。

2. 臨診症狀　豬感染本病，多不表現症狀，終生帶蟲。感染嚴重者，表現肌肉疼痛、麻痺，運步困難，咀嚼吞嚥困難等症狀；有的表現腸炎症狀。

3. 病理變化　感染嚴重者，腸黏膜增厚水腫，有黏液性炎症和出血斑；肌肉間結締組織增生，肌纖維萎縮、橫紋消失。

二、實驗室檢疫

1. 病原學檢查

（1）壓片鏡檢法。自胴體兩側的膈肌肌腳部各採樣一塊，剪取燕麥粒大小的肉樣28粒，夾在兩片玻璃板中，壓成薄片。低倍顯微鏡檢查，可見包囊或無包囊的旋

毛蟲幼蟲。

（2）集樣消化法。採集胴體膈肌肌腳和舌肌，透過絞碎、加溫攪拌、過濾、沉澱、漂洗、鏡檢，發現蟲體時再對這一樣品採用分組消化法進一步複檢（或壓片鏡檢），直到確定病豬。

2. 血清學檢查 檢測豬血清中的旋毛蟲抗體，可採用酶聯免疫吸附試驗。此法敏感性高，但感染初期的豬易出現假陰性。

三、檢疫後處理

宰後檢疫發現本病時，胴體及內臟進行化製或銷毀處理。

加強屠宰廠管理，防止犬、貓進入，屠宰廢棄物及汙水進行無害化處理；犬、貓及其他肉食動物，餵生肉時先做旋毛蟲檢疫；養豬場要做好環境衛生，做好滅鼠工作。

任務十三　豬囊尾蚴病的檢疫

豬囊尾蚴病（Cysticercosis cellulosae）又稱豬囊蟲病，是由豬帶絛蟲的幼蟲（豬囊尾蚴）寄生於豬和人等中間宿主引起的人畜共患病。

一、臨診檢疫

1. 流行特點 豬帶絛蟲寄生於人的小腸中，人是其唯一的終末宿主。豬帶絛蟲患者是豬囊尾蚴的唯一傳染來源。豬帶絛蟲孕卵節片不斷脫落，卵隨糞排出，豬食入感染性蟲卵發生感染，主要在橫紋肌發育成囊尾蚴，人多因生食或半生食含囊尾蚴的肉而感染。

2. 臨診症狀 豬輕度感染時，無明顯的症狀。重者可有不同的症狀，寄生在腦時，可能引起癲癇、失明、急性腦炎等神經機能障礙；肌肉中寄生數量較多時，常引起寄生部位的肌肉發生短時間的疼痛，表現跛行和食慾不振等；膈肌寄生數量較多時，表現呼吸困難；寄生於眼結膜下組織或舌部表層時，可見寄生處呈現豆狀腫脹。

3. 病理變化 豬囊尾蚴主要寄生於豬的橫紋肌，尤其活動性較強的咬肌、心肌、舌肌、膈肌、腰肌等處。呈灰白色半透明囊泡狀，米粒大至黃豆大，長徑 6～10mm，短徑約 5mm，囊內充滿液體，囊壁內側面有一個乳白色的結節，為內翻的頭節。嚴重感染者還可寄生於肝、肺、腎、眼球和腦等器官。

二、實驗室檢疫

1. 病原學檢查 檢驗咬肌、腰肌、舌肌、膈肌、心肌等，看是否有乳白色橢圓形或圓形豬囊尾蚴。鏡檢時可見豬囊尾蚴頭節上有 4 個吸盤，頭節頂部有兩排小鉤。鈣化後的豬囊尾蚴，包囊中有大小不同的黃白色顆粒。

2. 免疫學檢查 最常用的是酶聯免疫吸附試驗。

三、檢疫後處理

宰後檢疫發現本病時，胴體及內臟化製處理。

做好公共衛生，做好糞便的處理工作，做到人有廁所、豬有圈舍。

操作與體驗

技能一　豬瘟的檢疫

（一）技能目標

（1）掌握豬瘟的臨診檢疫要點。

（2）會用螢光抗體技術檢測豬瘟。

（二）材料設備

患病豬、疑似豬瘟的新鮮病料（淋巴結、脾、血液、扁桃體等）、載玻片、剪刀、鑷子、扁桃體採樣器、冰凍切片機、豬瘟螢光抗體、螢光顯微鏡、pH7.2 磷酸鹽緩衝液、丙酮液、碳酸緩衝甘油、隔離服、膠靴、口罩、一次性手套等。

（三）方法步驟

1. 臨診檢疫

（1）流行病學調查。調查發病原因、經過、免疫接種、豬群發病情況。

（2）臨診症狀。參照豬瘟的臨診診斷要點仔細觀察，觀察有無體溫升高、腹瀉，耳根、腹部、四肢內側等處紫紅色出血斑點等症狀。

（3）病理變化。病死豬屍體剖檢時，要注意各組織器官尤其是脾、腎、肝、肺、淋巴結、扁桃體和膀胱的出血變化，觀察大腸黏膜壞死和潰瘍情況。

2. 螢光抗體染色檢查

（1）樣品的採集。

①活體採樣。固定活豬的上唇，用開口器打開口腔，用豬扁桃體採樣器採取扁桃體樣品。

②剖檢採樣。剖檢病死豬時，可採取扁桃體、腎、脾、淋巴結、肝和肺等臟器。

（2）標本片製備。取滅菌乾燥載玻片一塊，將樣品組織小片切面觸壓載玻片，做成壓印片，置於室溫內乾燥。或用改採的病理組織，做成切片。

（3）固定。在載玻片上滴加冷丙酮液數滴，或將載玻片浸泡在冷丙酮液中，置 $-20℃$ 固定 15～20min。

（4）加豬瘟螢光抗體結合物。用 pH7.2 磷酸鹽緩衝液（PBS）漂洗 3 次，陰乾後滴加豬瘟螢光抗體結合物，置 37℃ 濕盒內作用 30min，取出用 pH7.2 PBS 充分漂洗 5 次，每次 2min，自然乾燥。

（5）封片鏡檢。滴加碳酸緩衝甘油數滴，加蓋玻片封閉，用螢光顯微鏡檢查。

（6）結果判定。在螢光顯微鏡下，見細胞質內有瀰散性、絮狀或點狀的亮綠或黃綠色螢光，判為陽性；細胞質內無螢光，判為陰性；細胞質內呈現弱的黃綠色螢光的樣品為可疑。可疑結果經過重複試驗，仍呈現弱的黃綠色螢光可判為陽性。

（四）考核標準

序號	考核內容	考核要點	分值	評分標準
1	臨診檢疫 （30分）	流行病學調查	10	調查內容全面
		臨診症狀檢查	10	根據待檢豬的表現正確判斷有無豬瘟症狀
		病理變化檢查	10	根據待檢豬的病變正確判斷有無豬瘟病變
2	螢光抗體染色檢查 （60分）	樣品採集	10	樣品選擇及採集方法正確
		標本片製備	10	正確製備標本片
		固定	5	正確固定標本片
		加豬瘟螢光抗體結合物	15	加豬瘟螢光抗體操作正確
		封片鏡檢	10	封片正確，使用螢光顯微鏡熟練
		結果判定	10	正確判定有無豬瘟病毒存在
3	職業素養評價 （10分）	安全意識	5	注意人身安全、生物安全
		合作意識	5	具備團隊合作精神，積極與小組成員配合，共同完成任務
	總分		100	

技能二　豬旋毛蟲病的檢疫

（一）技能目標
（1）會用肌肉壓片鏡檢法檢查旋毛蟲。
（2）會在顯微鏡下識別旋毛蟲。
（3）會用集樣消化檢查法檢查旋毛蟲。

（二）材料設備
彎頭剪刀、旋毛蟲壓夾玻璃板、剪刀、鑷子、顯微鏡、組織搗碎機、80目銅網、貝爾曼氏幼蟲分離裝置、凹面皿、磁力加熱攪拌器、三角燒瓶、燒杯、膈肌腳、消化液、甘油透明液等。

（三）方法步驟
1. 肌肉壓片鏡檢法

（1）採樣。從胴體兩側的膈肌腳各採取肌肉一塊，每塊約重30g，編上與胴體相同的號碼。如果被檢對象是部分胴體，可從咬肌、腰肌、肋間肌等處採樣。

（2）目檢。先將檢樣的肌膜撕去，縱向拉平檢樣，在充足的自然光下，不斷晃動，觀察肉表面有無針尖大、半透明、稍隆起的乳白色或灰白色的小點，檢查完一面後再將膈肌翻轉，用同樣方法檢驗膈肌的另一面。發現上述小點懷疑為蟲體，將可疑部分剪下，製成壓片鏡檢。

（3）製片。用剪刀順肌纖維的方向，按隨機採樣的要求，從檢樣上至少剪取28粒燕麥粒大小的肉樣，均勻地放置在壓夾玻璃板上，排成一排，每個壓夾玻璃板可放置16粒。將另一壓夾琉璃板重疊在放有肉樣的玻璃板上，並旋動螺絲，加壓使肉粒壓成半透明薄片，固定後鏡檢。

（4）鏡檢。將製好的壓片置於低倍顯微鏡下，從壓片一端的邊沿開始觀察，直到

另一端為止，逐個檢查每一個視野，不得漏檢。視野中的肌纖維呈淡黃薔薇色。

(5) 判定標準。

①未形成包囊的旋毛蟲。在肌纖維之間，蟲體呈直桿狀或蜷曲狀態，有時因壓片時壓力過大而把蟲體擠在壓出的肌漿中。

②形成包囊後的旋毛蟲。在淡黃薔薇色的背景上，可見發亮透明的圓形或橢圓形囊內有蜷曲的蟲體。

③鈣化的旋毛蟲。在包囊內可見數量不等、濃淡不均的黑色鈣化物，或見到模糊不清的蟲體。滴加10%的鹽酸溶液脫鈣後，可見到完整的蟲體，此係包囊鈣化；或見到斷裂成段的蟲體，此係幼蟲本身鈣化。

④機化的旋毛蟲。由於蟲體周圍的結締組織增生，使包囊明顯增厚，眼觀為一較大的白點，鏡檢呈雲霧狀。滴加甘油透明液，數分鐘後檢樣透明，鏡檢可見蟲體或蟲體崩解後的殘骸。

2. 集樣消化法

(1) 採樣。採集膈肌腳和舌肌，每頭豬取1個肉樣（100g），將肉樣中的脂肪、肌膜或腱膜除去，再從每個肉樣上剪取1g小樣，集中100個小樣進行檢驗。

(2) 絞碎肉樣。將100個肉樣（重100g）放入組織搗碎機內以2 000r/min搗碎，時間30~60s，以無肉眼可見細碎肉塊為宜。

(3) 加溫攪拌。將絞碎的肉樣放入置有消化液的燒杯中，肉樣與消化液的比例為1∶20，置燒杯於加熱磁力攪拌器上，液溫控制在40~43℃，攪拌30~60min，以無肉眼可見沉澱物為宜。

(4) 過濾沉澱。加溫後的消化液經貝爾曼氏幼蟲分離機裝置過濾，濾液沉澱10~20min後，輕輕分幾次放出底層沉澱物於凹面皿中。

(5) 漂洗。用37℃溫自來水反覆漂洗多次，直至沉澱於凹面皿中心的沉澱物，上清透明。

(6) 鏡檢。將帶有沉澱物的凹面皿用低倍鏡觀察，檢查是否有蟲體存在。發現蟲體時再對這一樣品採用分組消化法（5頭豬樣品混合）或壓片鏡檢進一步複檢。

(四) 考核標準

序號	考核內容	考核要點	分值	評分標準
1	肌肉壓片檢查法（60分）	採樣	10	採樣部位正確，量恰當
		目檢	10	方法正確，判斷正確
		製片	15	肉樣大小、數量正確，壓片方法正確
		鏡檢	10	顯微鏡使用正確
		判定	15	結果判定準確
2	集樣消化法（40分）	採樣	5	採樣部位正確，量恰當
		絞碎肉樣	5	搗碎後無肉眼可見細碎肉塊
		加溫攪拌	10	正確加入消化液，溫度、時間控制準確
		過濾沉澱	5	操作準確
		漂洗	5	漂洗方法正確
		鏡檢	10	操作正確、判定準確
	總分		100	

知識拓展

拓展知識　種豬場主要疫病監測工作實施方案

(一) 監測目的

掌握種豬重大動物疫病和主要垂直傳染性疫病流行狀況，追蹤監測病原變異特點與趨勢，查找傳染風險因素，加強種豬主要疫病預警監測和淨化工作。

(二) 樣品採集

1. 採樣數量　每個種豬場採集豬血清樣品 40 份，對應豬扁桃體樣品 40 份，對應種公豬精液 5 份，國外進口冷凍精液 3 份。樣品來源原則上不少於 3 棟豬舍的豬，其中包含種公豬 5 頭，經產母豬 25 頭 (1～2 胎 5 頭，3～4 胎 10 頭，5～6 胎 10 頭)，後備母豬 10 頭 (40～60kg 5 頭，90～110kg 5 頭)。

2. 樣品要求

(1) 血清樣品。分別經耳靜脈、前腔靜脈、頸靜脈實採集 3～5mL 全血，凝固後析出血清不少於 1.5mL，用 2mL 離心管冷凍保存。

(2) 扁桃體樣品。利用扁桃體採樣器 (鼻捻子、開口器和採樣槍) 採樣，1 頭豬採 2 份，每份樣品體積必須大於 $0.3cm \times 0.3cm \times 0.3cm$，冷凍保存。

(3) 豬精液樣品。用人工方法採集，避免加入防腐劑，收集至滅菌離心管中，冷凍保存。

3. 樣品編號　血清樣品以「A01～An」，扁桃體樣品以「B01～Bn」，豬精液樣品以「C01～Cn」方式編寫。同一個體的血清樣品與扁桃體樣品編號一一對應。

4. 樣品資訊　填寫《種豬場/種公豬站採樣記錄表》(表 5-1)。

表 5-1　種豬場/種公豬站採樣記錄表

縣：　　　市：　　　豬場名稱：　　　採樣人：　　　電話：　　　採樣時間：　年　月　日

序號	棟號	耳標號	性別	品種	日齡	胎次	母豬生產階段	樣品編號			最後一次免疫時間									
											豬瘟		豬繁殖與呼吸症候群		假性狂犬病		豬細小病毒病		豬圓環病毒病	
								血清	扁桃體	精液	免疫時間	疫苗名稱 廠商	免疫時間	疫苗名稱 廠商	免疫時間	疫苗名稱 廠商	免疫時間	疫苗名稱 廠商	免疫時間	疫苗名稱 廠商

(三) 樣品檢測

檢測豬繁殖與呼吸症候群、豬瘟、豬假性狂犬病、豬環狀病毒感染症、豬細小病毒病 5 種主要垂直傳染性動物疫病的 9 個項目。具體檢測項目及方法見表 5-2。必要時抽取部分樣品進行病毒分離鑑定和基因序列測定,調查病原變異情況。

表 5-2　種豬場檢測項目及其方法

序號	檢測病種	檢測項目	樣品類型	檢測方法
1	豬繁殖與呼吸症候群	PRRSV(通用)	扁桃體、精液	RT-PCR
2		HP-PRRSV(變異株)	扁桃體、精液	RT-PCR
3		PRRSV 抗體	血清	ELISA
4	豬瘟	CSFV	扁桃體、精液	RT-PCR
5		CSFV 抗體	血清	ELISA
6	假性狂犬病	PRV-gE 抗體	血清	ELISA
7		PRV-gB 抗體	血清	ELISA
8	豬環狀病毒感染症	PCV	扁桃體、精液	PCR
9	豬細小病毒病	PPV	扁桃體、精液	PCR

複習與思考

1. 養豬場檢出高致病性豬藍耳病時,應採取哪些處理措施?
2. 屠宰場在宰後檢出豬囊尾蚴病時,應如何處理?
3. 如何應用肌肉壓片鏡檢法進行豬旋毛蟲病檢疫?
4. 豬瘟的臨診檢疫要點有哪些?
5. 豬丹毒的臨診檢疫要點有哪些?

第六章

禽疫病的檢疫管理

章節指南

本章的應用：檢疫人員依據禽流感、新城病、馬立克病、雞傳染性法氏囊病、雞傳染性支氣管炎、雞傳染性喉氣管炎、禽痘、禽白血病、雛白痢、雞球蟲病、鴨瘟、小鵝瘟的臨診檢疫要點進行現場檢疫；檢疫人員對禽疫病進行實驗室檢疫；檢疫人員根據檢疫結果進行檢疫處理。

完成本章所需知識點：禽流感、新城病、馬立克病、雞傳染性法氏囊病、雞傳染性支氣管炎、雞傳染性喉氣管炎、禽痘、禽白血病、雛白痢、雞球蟲病、鴨瘟、小鵝瘟的流行病學特點、臨診症狀和病理變化；禽疫病的實驗室檢疫方法；禽疫病的檢疫後處理；病死及病害動物的無害化處理。

完成本章所需技能點：禽疫病的臨診檢疫；新城病、禽白血病、雛白痢、鴨瘟的實驗室檢疫；染疫禽屍體的無害化處理。

認知與解讀

任務一　禽流感的檢疫

禽流感（Avian influenza，AI）是由A型流感病毒引起的以禽類為主的烈性傳染病，可以分為低致病性禽流感（LPAI）和高致病性禽流感（HPAI），高致病性禽流感主要是H5和H7亞型中的毒株引起，低致病性禽流感主要流行毒株為H9亞型。世界動物衛生組織（WOAH）將高致病性禽流感列為必須報告的動物疫病。

一、臨診檢疫

1. 流行特點　雞、火雞、鴨、鵝等多種禽類和鵪鶉、雉雞、鷓鴣、鴕鳥、孔雀等多種野鳥易感。傳染源主要為病禽（野鳥）和帶毒禽（野鳥），病毒可長期在汙染的糞便、水等環境中存活。本病主要透過直接接觸感染或經呼吸道、消化道感染。

2. 臨診症狀　潛伏期從幾小時到數天，最長可達21d。

(1) 高致病性禽流感。常急性爆發，發生率和致死率可高達 90％ 以上。病雞體溫升高，精神沉鬱，採食量明顯下降，甚至食慾廢絕；頭部及下頜部腫脹，冠髯出血或發紺，腳鱗片出血，糞便黃綠色並帶多量的黏液；呼吸困難，張口呼吸；產蛋雞產蛋下降或幾乎停止。鵝和鴨等水禽可見角膜炎、頭頸扭曲等症狀。

(2) 低致病性禽流感。呼吸道症狀表現明顯，流淚，排黃綠色稀便。產蛋雞產蛋量下降明顯，甚至絕產。致死率較低。

3. 病理變化

(1) 高致病性禽流感。心外膜或冠狀脂肪有出血點，心肌纖維壞死呈紅白相間；胰有出血點或黃白色壞死點，腺胃乳頭、腺胃與肌胃交界處及肌胃角質層下出血；輸卵管中部可見乳白色分泌物或凝塊；卵泡充血、出血、萎縮、破裂，有的可見卵黃性腹膜炎；喉、氣管充血、出血；頭頸部皮下膠凍樣浸潤。

(2) 低致病性禽流感。喉、氣管充血、出血，有漿液性或乾酪性滲出物，氣管分叉處有黃色乾酪樣物阻塞；腸黏膜充血或出血；產蛋雞常見卵巢出血、卵泡畸形、萎縮和破裂；輸卵管黏膜充血水腫，內有白色黏稠滲出物。

二、實驗室檢疫

1. 病原學檢查 無菌採取病死雞的腦、氣管、肺、肝、脾等器官，活禽可採其喉頭和泄殖腔拭子。病料處理後接種雞胚，收取尿囊液，檢測尿囊液的血凝（HA）活性，陽性反應說明可能有禽流感病毒；再用血凝抑制試驗（HI）可確定流感病毒；測定靜脈內接種致病指數（IVPI）可判定病毒是否為高致病性毒株；透過神經胺酸酶抑制（NI）試驗進行 NA 亞型鑑定。也可採用反轉錄-聚合酶鏈式反應（RT-PCR）、螢光反轉錄-聚合酶鏈式反應（螢光 RT-PCR）檢測檢樣或尿囊液中的病原。

2. 血清學檢查 檢測禽血清中抗體，可採用血凝抑制（HI）試驗、瓊脂擴散試驗（AGID）、酶聯免疫吸附試驗（ELISA）等。

三、檢疫後處理

（一）高致病性禽流感

1. 封鎖措施 發現臨診懷疑病例時，立即上報疫情，對發病場所實施隔離、監控，禁止禽類、禽類產品及有關物品移動，並對汙染環境實施嚴格的消毒措施。確診後，立即劃定疫點、疫區和受威脅區，採取封鎖措施。

(1) 疫點內措施。撲殺所有的禽隻，並對所有病死禽、被撲殺禽及其產品進行無害化處理，對排泄物、被汙染飼料和墊料、汙水等進行無害化處理，對被汙染或可疑汙染的交通工具、用具、圈舍、場地等進行嚴格徹底消毒。對發病前 21d 內售出的所有家禽及其產品進行追蹤，並做撲殺和無害化處理。

(2) 疫區內措施。撲殺疫區內所有家禽，並進行無害化處理，同時銷毀相應的禽類產品。對汙染物進行無害化處理，對汙染場所進行嚴格消毒。

(3) 受威脅區內措施。對易感禽類進行緊急免疫接種。

關閉疫點及周邊 13km 內所有家禽及其產品交易市場。

2. 封鎖的解除 疫點、疫區內所有禽類及其產品按規定處理完畢 21d 以上，監

測未出現新的傳染源，終末消毒完成，受威脅區按規定完成免疫。經上一級農業主管部門組織驗收合格，由當地農業主管部門提出申請，由原發布封鎖令的地方政府解除封鎖。

（二）低致病性禽流感

病禽撲殺，病死禽和撲殺病禽做無害化處理，汙染的物品及場所進行徹底的消毒，疫區內易感家禽緊急免疫接種。

任務二　雞新城病的檢疫

新城病（Newcastle disease，ND）是由禽副黏病毒Ⅰ型引起的高度接觸性禽類烈性傳染病。世界動物衛生組織（WOAH）將其列為必須報告的動物疫病。

一、臨診檢疫

1. 流行特點　雞、火雞、鵪鶉、鴿子、鴨、鵝等多種家禽及野禽均易感，各種日齡的禽類均可感染。傳染源主要為感染禽，透過糞便和口、鼻、眼的分泌物排毒，主要經消化道和呼吸道感染。

2. 臨診症狀　根據臨診症狀的不同，可將新城病分為 5 種病型。

（1）嗜內臟速發型。所有日齡雞均呈急性、致死性感染，以消化道出血性病變為主要特徵，致死率高。

突然發病，有時無特徵症狀而死亡。初期病雞倦怠，呼吸急促，排綠色、黃綠色或黃白色的稀糞，多經 4~8d 死亡。倖存雞多出現頸部扭轉等神經症狀。

（2）嗜神經速發型。所有日齡雞均呈急性、致死性感染，以呼吸道和神經症狀為主要特徵，傳染迅速，致死率高。

突然發病，呼吸困難、咳嗽、氣喘，並發出「咯咯」的喘鳴聲；食慾下降，產蛋量下降甚至停止。稍後出現翅腿麻痺、頭頸扭曲等神經症狀。

（3）中發型。以呼吸道和神經症狀為主要特徵，致死率低。表現急性呼吸道症狀，以咳嗽為主，少氣喘，食慾下降，產蛋量下降甚至停止。

（4）緩發型。以輕度或亞臨診性呼吸道感染為主要特徵。

（5）無症狀腸道型。以亞臨診性腸道感染為主要特徵。

3. 病理變化　全身黏膜和漿膜出血；腺胃黏膜水腫、乳頭和乳頭間有出血點；肌胃角質層下有出血點；小腸和直腸黏膜出血，腸壁淋巴組織呈棗核狀腫脹、出血、壞死，有的形成偽膜；盲腸扁桃體腫大、出血和壞死；喉、氣管黏膜充血，偶有出血，肺可見瘀血和水腫；心冠脂肪有針尖大的出血點；產蛋母雞的卵泡和輸卵管充血，卵泡膜極易破裂而引發卵黃性腹膜炎。

二、實驗室檢疫

1. 病毒的分離與鑑定　病死禽採集腦，也可採集脾、肺、氣囊等組織；發病禽採集氣管拭子和泄殖腔拭子（或糞便）。病料接種雞胚，收取尿囊液，檢測尿囊液的血凝（HA）活性。陽性反應說明可能有新城病病毒，再用血凝抑制（HI）試驗可確定新城病病毒，毒力測定可採用腦內致病指數（ICPI）測定和 F 蛋白裂解位點

第六章　禽疫病的檢疫管理

序列測定。也可採用反轉錄-聚合酶鏈式反應（RT－PCR）檢測檢樣或尿囊液中的病原。

2. 血清學檢查　目前用於新城病抗體檢測的方法有血凝抑制（HI）試驗、瓊脂擴散試驗（AGID）、酶聯免疫吸附試驗（ELISA）等。

三、檢疫後處理

發現可疑新城病疫情時，立即上報疫情，並將病禽（場）隔離，並限制其移動。確診後，立即劃定疫點、疫區和受威脅區，採取封鎖措施。撲殺疫點內所有的病禽和同群禽隻，對病死禽、被撲殺禽、禽類產品、排泄物、被汙染飼料和墊料、汙水等進行無害化處理，對被汙染的物品、交通工具、用具、禽舍等進行徹底消毒。關閉疫區內活禽及禽類產品交易市場，禁止易感活禽進出和易感禽類產品運出，對疫區和受威脅區易感禽隻進行緊急免疫接種。

疫區內沒有新的病例發生，疫點內所有病死禽、被撲殺的同群禽及其禽類產品無害化處理21d後，對有關場所和物品進行徹底消毒，經上一級農業主管部門組織驗收合格後，由當地農業主管部門提出申請，由原發布封鎖令的地方政府發布解除封鎖令。

任務三　雞馬立克病的檢疫

雞馬立克病（Marek's disease，MD）是由馬立克病病毒引起雞的一種淋巴組織增生性傳染病，以外周神經、性腺、虹膜、各種內臟器官、肌肉和皮膚的單個或多個組織器官發生腫瘤為特徵。

一、臨診檢疫

1. 流行特點　雞是主要的自然宿主。鵪鶉、火雞、雉雞、烏雞等也可發生自然感染。2週齡以內的雛雞最易感。6週齡以上的雞可出現臨診症狀，12～24週齡最為嚴重。病雞和帶毒雞是最主要的傳染源，羽毛囊上皮細胞中成熟型病毒可隨羽毛和脫落的皮屑散毒，主要透過呼吸道感染。

2. 臨診症狀　根據臨診症狀分為4個型。

（1）內臟型。常表現極度沉鬱，有時不表現任何症狀而突然死亡。有的病雞表現厭食、消瘦和昏迷，最後衰竭而死。

（2）神經型。最早症狀為運動障礙。腿和翅膀完全或不完全麻痺，兩腿前後伸展呈「劈腿」姿勢，翅膀下垂。

（3）眼型。視力減退或消失。虹膜失去正常色素，呈同心環狀或斑點狀。瞳孔邊緣不整，嚴重階段瞳孔只剩下一個針尖大小的孔。

（4）皮膚型。皮膚毛囊腫大，以大腿外側、翅膀、腹部尤為明顯。

3. 病理變化

（1）神經型。常在臂神經叢、坐骨神經叢、腰薦神經和頸部迷走神經等處發生病變，病變神經可比正常神經粗2～3倍，橫紋消失，呈灰白色或淡黃色。

（2）內臟型。在肝、脾、胰、睪丸、卵巢、腎、肺、腺胃和心臟等臟器出現廣泛

的結節性或瀰漫性腫瘤。

二、實驗室檢疫

1. 病毒的分離與鑑定　採集病雞全血的白血球層或剛死亡雞脾細胞，進行細胞培養，觀察有無細胞病變（CPE），即蝕斑，一般可在 3～5d 內出現。可透過螢光抗體技術（FAT）檢測蝕斑，也可以採用聚合酶鏈式反應（PCR）檢測檢樣。

2. 病理組織學診斷　主要以淋巴母細胞、大淋巴細胞、中淋巴細胞、小淋巴細胞及巨噬細胞的增生浸潤為主，同時可見小淋巴細胞和漿細胞的浸潤和雪旺氏細胞增生。

3. 免疫學診斷　主要採用瓊脂擴散試驗（AGID）、酶聯免疫吸附試驗（ELISA）、病毒中和試驗（VN）等。

三、檢疫後處理

發生疫情時，對發病雞群進行撲殺和無害化處理，對雞舍和周圍環境進行消毒，對受威脅雞群進行觀察。

宰前檢出本病時，撲殺病雞並進行無害化處理；同群雞急宰，內臟化製或銷毀。宰後檢出本病腫瘤時，病雞胴體及內臟進行無害化處理。

任務四　雞傳染性法氏囊病的檢疫

傳染性法氏囊病（Infectious bursal disease，IBD）是由傳染性法氏囊病病毒引起的一種急性、高度接觸性傳染病。以排白色稀糞，法氏囊受損和機體免疫抑制為特徵。

一、臨診檢疫

1. 流行特點　自然發病僅見於雞，3～6 週齡的雞最易感，火雞、鴨、珍珠雞、鴕鳥等也可感染。病雞和隱性感染雞是主要的傳染源，主要經消化道、眼結膜及呼吸道感染。本病往往突然發病，傳染迅速，發生率高，病程短。

2. 臨診症狀　病雞採食減少，畏寒聚堆，閉眼呈昏睡狀態。排出白色黏稠和水樣稀糞，泄殖腔周圍的羽毛被糞便汙染。在後期體溫低於正常，嚴重脫水，極度虛弱，通常 5～7d 達到死亡高峰，致死率一般為 20%～30%。

3. 病理變化　腿部和胸部肌肉有不同程度的條狀或斑點狀出血；法氏囊腫大、出血，覆有淡黃色膠凍樣滲出液，出血嚴重者呈「紫葡萄」樣，囊內黏液增多，後期法氏囊萎縮，囊內有乾酪樣滲出物；腎腫脹，有尿酸鹽沉積。

二、實驗室檢疫

1. 病原學檢查　採集有病變的新鮮法氏囊，處理後接種雞胚或易感雛雞，觀察病變。也可採用瓊脂擴散試驗（AGID）、螢光抗體技術（FAT）檢測病料中的病原。

2. 免疫學診斷　主要方法有瓊脂擴散試驗（AGID）、酶聯免疫吸附試驗（ELISA）、病毒中和試驗（VN）等。其中 AGID 和 ELISA 較為簡單、快速、易行，常用於檢測傳染性法氏囊病病毒抗原或抗體的存在。

三、檢疫後處理

1. 檢出病雞 對發病雞群進行撲殺和無害化處理，對雞舍和周圍環境進行消毒，對受威脅雞群進行隔離監測。

2. 做好引進種雞檢疫 從異地引入種雞及其精液、種蛋時，應取得原產地動物衛生監督機構的檢疫合格證明。到達引入地後，種雞必須隔離飼養 30d 以上，並由引入地動物衛生監督機構進行檢測，合格後方可混群飼養。

任務五　雞傳染性支氣管炎的檢疫

傳染性支氣管炎（Infectious bronchitis，IB）是由傳染性支氣管炎病毒引起的主要危害雞的一種急性、高度接觸性傳染病。以咳嗽、打噴嚏、氣管囉音及腎病變，產蛋雞產蛋量減少為特徵。

一、臨診檢疫

1. 流行特點 本病僅發生於雞，雛雞最易感。傳染源主要是病雞和康復後帶毒雞，主要經空氣（飛沫）傳染，也可直接接觸或透過汙染的飼料、飲水、器具傳染。本病傳染迅速，冬、春寒冷季節多發。

2. 臨診症狀 根據症狀可分為呼吸型與腎型兩種類型。

（1）呼吸型。雛雞症狀典型，表現張口伸頸呼吸、咳嗽、打噴嚏、呼吸道囉音，食慾減少、怕冷擠堆，昏睡。產蛋雞感染後呼吸道症狀輕微，主要表現產蛋量下降，蛋殼顏色變淺，並產軟殼蛋、畸形蛋或粗殼蛋，蛋清稀薄如水。

（2）腎型。多發生於 2～4 週齡的雞。初期有輕微呼吸道症狀，包括咳嗽、氣喘、噴嚏等，易被忽視，呼吸症狀消失後不久，雞群突然大量發病，排白色稀糞，糞便中含有大量尿酸鹽，迅速消瘦、脫水。

3. 病理變化 幼雛感染本病毒，可導致輸卵管永久性損傷，不能正常發育。

（1）呼吸型。鼻腔、鼻竇、氣管和支氣管內有漿液性、黏液性或乾酪樣滲出物，多數死亡雞在氣管分叉處或支氣管中有乾酪性的栓子；產蛋母雞的腹腔內可以發現液狀的卵黃物質，卵泡充血、出血、變形。

（2）腎型。腎腫大蒼白，稱為「花斑腎」，腎小管和輸尿管因尿酸鹽沉積而擴張。

二、實驗室檢疫

1. 病原學檢查 採集呼吸道型病雞的氣管滲出物、支氣管和肺組織，腎型病雞的腎，產蛋量下降病雞的輸卵管。將病料接種於 10～11 日齡的雞胚，隨著繼代次數的增加，傳染性支氣管炎病毒可導致雞胚出現發育受阻、胚體矮小並蜷縮等特徵性變化。對病毒的進一步鑑定可採用反轉錄-聚合酶鏈式反應（RT-PCR）。

2. 血清學檢查 主要方法有病毒中和試驗（VN）、血凝抑制（HI）試驗、瓊脂擴散試驗（AGID）、酶聯免疫吸附試驗（ELISA）等。

三、檢疫後處理

發生疫情時，對發病雞群進行撲殺和無害化處理，對雞舍和周圍環境進行嚴格消毒，對受威脅雞群進行觀察，必要時進行緊急接種。

任務六　雞傳染性喉氣管炎的檢疫

傳染性喉氣管炎（Infectious laryngotracheitis，ILT）是由傳染性喉氣管炎病毒引起的雞的一種急性呼吸道傳染病。以呼吸困難、咳嗽和咳血為特徵。

一、臨診檢疫

1. 流行特點　本病主要侵害雞，成年雞多發，傳染快，發生率較高。本病傳染源主要是病雞和康復後帶毒雞，主要經呼吸道和眼結膜感染。

2. 臨診症狀　表現呼吸困難，鼻孔有分泌物，濕性囉音，咳嗽和氣喘，咳出帶血的黏液或血塊。

3. 病理變化　病初喉頭及氣管上段黏膜充血、腫脹、出血，管腔中有帶血的滲出物；病程稍長者，滲出物形成黃白色乾酪樣偽膜，可能會將喉頭甚至氣管完全堵塞。

二、實驗室檢疫

1. 病原學檢查　採集患病雞咽喉拭子、病死雞的喉或氣管，將病料接種於9～12d的雞胚絨毛尿囊膜，觀察絨毛尿囊膜出現的痘斑。進一步鑑定可採用血清中和試驗（SN）。也可採用聚合酶鏈反應（PCR）、即時聚合酶鏈反應（RT－PCR）檢測病料中的病原。

2. 血清學檢查　主要方法有病毒中和試驗（VN）、瓊脂擴散試驗（AGID）、間接螢光抗體技術（IFAT）、酶聯免疫吸附試驗（ELISA）等。

三、檢疫後處理

發生疫情時，撲殺發病雞群並進行無害化處理，對雞舍和周圍環境進行嚴格消毒，對受威脅雞群進行觀察，必要時進行緊急接種。

任務七　禽痘的檢疫

禽痘（Avian poxvirus，AP）是由禽類痘病毒引起禽類的一種高度接觸性傳染病。以體表無毛處的痘疹或呼吸道、口腔和食管部黏膜處的纖維素性壞死性偽膜為特徵。

一、臨診檢疫

1. 流行特點　雞、火雞和鴿易感，其他禽類易感性較低。病禽和帶毒禽是主要的傳染源，主要透過直接接觸傳染，脫落和碎散的痘痂是禽痘病毒散播的主要載體，

第六章　禽疫病的檢疫管理

庫蚊、瘧蚊和按蚊等吸血昆蟲在傳染本病中起著重要作用。禽痘一年四季都可發生，夏秋季較多。

2. 臨診症狀　潛伏期一般為 4～14d，病程通常為 3～4 週。

（1）皮膚型禽痘。在身體的無羽毛部位，如冠、肉垂、嘴角、眼皮、耳球、腿、腳及翅的內側等處形成痘疹。痘疹最初為灰白色小點，隨後增大如豌豆，灰色或灰黃色，數目較多時可連成痂塊。眼部痘痂可使眼縫完全閉合。

（2）黏膜型禽痘。在口腔、咽部、喉部、鼻腔、氣管及支氣管等部位形成痘疹。痘疹最初呈圓形黃色斑點，逐漸形成一層黃白色偽膜，並迅速融合增大而形成白喉樣膜。病禽張口呼吸，引起呼吸困難甚至窒息死亡。

（3）混合型禽痘。在皮膚、口腔和咽喉黏膜等多處同時發生痘疹。病禽生長緩慢、精神委頓、食慾減退，蛋雞暫時性產蛋下降。一些病禽表現嚴重的全身症狀，並發生腸炎，迅速死亡，或急性症狀消失後，轉為慢性腸炎。

二、實驗室檢疫

1. 病原學檢查　採集皮膚或白喉病變組織抹片鏡檢，觀察禽痘病毒原生小體；或將病料接種雞胚，觀察雞胚絨毛尿囊膜上的白色痘斑。也可採用聚合酶鏈式反應（PCR）檢測病料中的病原。

2. 血清學檢查　主要方法有病毒中和試驗（VN）、瓊脂擴散試驗（AGID）、紅血球凝集抑制試驗（HI）、螢光抗體技術（FAT）、酶聯免疫吸附試驗（ELISA）等。

三、檢疫後處理

發生疫情時，撲殺發病禽群並進行無害化處理，對禽舍和周圍環境進行嚴格消毒，對受威脅禽群進行觀察。

宰前檢出本病時，撲殺病禽並進行無害化處理；同群禽隔離觀察，確認無異常的，准予屠宰。

任務八　禽白血病的檢疫

禽白血病（Avian leukosis，AL）是由禽白血病/肉瘤病毒群中的病毒引起的禽類多種腫瘤性疾病的統稱，在自然條件下以淋巴細胞性白血病最為常見。

一、臨診檢疫

1. 流行特點　雞是該群病毒的自然宿主，鴨、鵪鶉、鷓鴣、雉雞、斑鳩等也可感染，雞易感性與其品種有關，J-亞群禽白血病主要發生於肉用型雞。病雞或帶毒雞為主要傳染源，特別是處於病毒血症期的雞。主要透過種蛋垂直傳染，也可透過與感染雞或汙染的環境接觸而水平傳染。垂直傳染而導致的先天性感染的雞常出現免疫耐受，雛雞表現為持續性病毒血症，體內無抗體並向外排毒。

2. 臨診症狀　潛伏期較長，因病毒株不同、雞群的遺傳背景差異等而有所不同。自然病例主要發生於 18～25 週齡的性成熟前後雞群，最早可見於 5 週齡。表現雞冠發白、皺縮，機體消瘦，腹部增大，有時觸摸到腫大的肝和法氏囊。

血管瘤型白血病在病雞皮膚或內臟器官的表面形成血管瘤，瘤壁破裂後引起流血不止，病雞表現貧血症狀並常死於大量失血。

3. 病理變化 淋巴樣白血病最常在肝、脾、法氏囊、腎、肺、性腺、心、骨髓等器官組織出現腫瘤，腫瘤可表現為較大的結節或瀰漫性分布的細小結節。腫瘤結節的大小和數量差異很大，表面平滑，切開後呈灰白色至奶酪色。

成紅血球性白血病、成髓細胞性白血病和髓細胞白血病多出現肝、脾、腎的瀰漫性增大。

J-亞群禽白血病的特徵性病變是肝、脾腫大，表面有瀰漫性的灰白色增生性結節。在腎、卵巢和睪丸也可見廣泛的腫瘤組織，有時在胸骨、肋骨表面出現腫瘤結節。

二、實驗室檢疫

1. 組織病理學檢查 在蘇木精-伊紅（HE）染色切片中，淋巴樣白血病為淋巴樣細胞腫瘤結節，J-亞群禽白血病可見增生的髓細胞樣腫瘤細胞，散在或形成腫瘤結節。

2. 病原學檢查 採集病雞全血、帶有白血球的血漿或血清、脾、肝、腎、咽喉、泄殖腔棉拭子，進行病毒的分離培養，透過間接螢光抗體技術（IFAT）、聚合酶鏈式反應（PCR）檢測病毒。

3. 血清學檢查 酶聯免疫吸附試驗（ELISA）可檢測雞血清中A-亞群、B-亞群及J-亞群禽白血病病毒抗體，適用於禽白血病病毒水平感染的群體普查。

三、檢疫後處理

1. 檢出病雞 發現疫情時，對發病雞群進行撲殺和無害化處理，對雞舍和周圍環境進行消毒，對受威脅雞群進行隔離監測。宰前檢出本病時，撲殺病雞並進行無害化處理；同群雞急宰，內臟化製或銷毀。宰後檢出本病腫瘤時，病雞胴體及內臟進行無害化處理。

2. 做好種雞檢疫 從異地引入種雞及其精液、種蛋時，調運前要進行實驗室檢查，禽白血病抗原檢測陰性為合格。到達引入地後，種雞必須隔離飼養30d以上，經實驗室檢查確認合格後方可混群飼養。

任務九　雛白痢的檢疫

雛白痢（Pullorum disease，PD）是由雛白痢沙門氏菌引起的雞和火雞的傳染病。

一、臨診檢疫

1. 流行特點 各種品種的雞對本病均有易感性，以2～3週齡以內雛雞的發生率與致死率為最高，成年雞呈慢性或隱性感染。病雞和帶菌雞是主要傳染源，垂直傳染為本病主要傳染方式，也能透過消化道、呼吸道、眼結膜水平傳染。

2. 臨診症狀

第六章　禽疫病的檢疫管理

（1）雛雞。垂直傳染的雛雞，1週內為死亡高峰。出殼後感染的雛雞，多在孵出後幾天才出現明顯症狀，7～10d病雛逐漸增多，在14～21d達死亡高峰。最急性者，無症狀迅速死亡。稍緩者表現精神委頓、絨毛鬆亂，兩翼下垂，縮頸閉眼昏睡；病初食慾減少，而後停食，排稀薄如糨糊狀糞便，肛門周圍絨毛被糞便汙染，有的封住肛門，發生尖銳的叫聲；最後因呼吸困難及心力衰竭而死。也有的出現關節炎和全眼球炎。

（2）成年雞。感染常無臨診症狀。母雞產卵量和種蛋受精率降低。少數病雞冠發育不良、蒼白，排灰白色稀糞，產卵停止。有些病雞因卵黃囊炎引起腹膜炎，出現「垂腹」現象。

3. 病理變化

（1）雛雞。急性病例肝腫大，有大量灰白色壞死點；卵黃吸收不良，內容物色黃如油脂狀或乾酪樣。病程長者，在心、肺、肝、肌胃等臟器中有灰白色壞死結節，盲腸中有乾酪樣物堵塞腸腔，常有腹膜炎，有時見出血性肺炎。

（2）育成雞。肝腫大，暗紅色至深紫色，表面可見散在或瀰漫性的出血點或黃白色大小不一的壞死灶，質地極脆，易破裂，常見腹腔內積有大量血水，肝表面有較大的凝血塊。

（3）成年雞。成年母雞，常見卵泡變形、變色、變質，有的卵泡繫帶長而脆弱，卵泡落入腹腔，形成卵黃性腹膜炎。成年公雞，常見睪丸極度萎縮，有小膿腫，輸精管管腔增大，充滿稠密的均質滲出物。

二、實驗室檢疫

1. 病原學檢查　無菌採集肝、脾、膽囊、卵巢、睪丸等病料，透過塗片鏡檢、分離培養和生化試驗鑑定細菌。也可採用細菌多重聚合酶鏈式反應對病料中雛白痢沙門氏菌和培養細菌進行快速鑑定。

2. 血清學檢查　適合用於群體檢疫，常用的方法有快速全血凝集試驗（RWBA）、快速血清凝集試驗（RSA）、試管凝集試驗（TA）和微量凝集試驗（MA）等。

三、檢疫後處理

1. 檢出病雞　撲殺病雞並進行無害化處理，同群雞隔離飼養並進行藥物預防，對雞舍和周圍環境進行消毒。

2. 做好種雞檢疫　從異地引入種雞及其精液、種蛋時，應取得原產地動物衛生監督機構的檢疫合格證明。到達引入地後，種雞必須隔離飼養30d以上，並由引入地動物衛生監督機構進行檢測，合格後方可混群飼養。

種雞場透過實施種雞群檢疫、加強衛生防疫等措施進行雛白痢淨化。

任務十　雞球蟲病的檢疫

雞球蟲病（Chicken coccidiosis）是由艾美耳科艾美耳屬球蟲寄生於雞腸道引起的一種原蟲病。以消瘦、貧血和帶血腹瀉為特徵。

一、臨診檢疫

1. 流行特點　艾美耳屬球蟲主要有柔嫩艾美耳球蟲、毒害艾美耳球蟲、堆型艾美耳球蟲、巨型艾美耳球蟲、早熟艾美耳球蟲、和緩艾美耳球蟲和布氏艾美耳球蟲7種，雞是其唯一的天然宿主。各個品種、日齡的雞都可感染，3～6週齡的雞多發。

帶蟲雞糞便汙染的飼料、飲水、土壤及用具等都可能存在卵囊，雞食入孢子化卵囊而感染。此外，各種禽類、昆蟲、工具和工作人員等都可以機械地將卵囊由一個地區帶到另一地區而引起傳染。

本病的發生與氣溫、濕度關係密切，在溫暖多雨或地面潮濕時多發；在集約化雞場沒有季節性，只要溫度、濕度達到卵囊的發育要求就有可能發生。

2. 臨診症狀

（1）急性型。由致病力較強的柔嫩艾美耳球蟲和毒害艾美耳球蟲引起。初期表現精神沉鬱，羽毛鬆亂，排出水樣稀糞，並帶有少量血液；柔嫩艾美耳球蟲感染糞便呈棕紅色，後期甚至排鮮血；毒害艾美耳球蟲感染糞便呈棕褐色。

（2）慢性型。由其他致病力低的球蟲引起。臨診症狀不明顯，病雞逐漸消瘦，間歇性腹瀉，貧血，病程長，雞群的均勻度差，產蛋量少。

3. 病理變化　各種球蟲在腸道寄生的部位不同，造成腸道損傷的部位及程度各不相同。

（1）柔嫩艾美耳球蟲。主要損害盲腸。急性死亡者盲腸高度腫脹，出血嚴重，腸腔中充滿凝血塊和盲腸黏膜碎片；慢性者腸腔中有乾酪樣栓子。

（2）毒害艾美耳球蟲。主要損害小腸。小腸中段高度腫脹，腸管顯著充血，出血和壞死；腸壁增厚，腸內容物中含有多量血液、凝血塊和脫落的黏膜。從漿膜面觀察，在病灶區可見到小的灰白色斑點和紅色出血點。

（3）堆型艾美耳球蟲。主要損傷十二指腸。腸黏膜變薄，腸壁上有橫紋狀白斑，外觀呈梯形，腸道蒼白，含水樣液體。

（4）巨型艾美耳球蟲。主要損害小腸近端和中部。腸壁增厚，腸內容物呈淡灰色、淡褐色或淡黃色，有黏性，有時混有細小的血塊。

（5）布氏艾美耳球蟲病。主要損害小腸下段。黏膜增厚，腸壁充血，內容物呈粉紅色。

早熟艾美耳球蟲與和緩艾美耳球蟲的致病力弱，病變不明顯。

二、實驗室檢疫

1. 腸內容物或腸組織病原檢查　將腸內容物或腸組織做成抹片或觸片，覆以蓋玻片鏡檢，可看到球蟲卵囊。

2. 糞便內病原檢查　採用直接抹片法、飽和鹽水漂浮法或卵囊計數法，檢查糞便中的球蟲卵囊。

三、檢疫後處理

發現疫情時，撲殺病雞並進行無害化處理，同群雞隔離飼養並進行藥物預防，對

雞舍和周圍環境進行消毒。

宰前檢出本病時，撲殺病雞並進行無害化處理；同群禽隔離觀察，確認無異常的，准予屠宰。宰後檢出本病時，病變嚴重者，胴體及內臟進行無害化處理；病變輕微者，病變內臟進行無害化處理，其餘部分不受限制。

任務十一　鴨瘟的檢疫

鴨瘟（Duck plague，DP）又稱鴨病毒性腸炎，是由鴨瘟病毒引起的一種急性、熱性、敗血性傳染病。以高燒、腹瀉、腫頭流淚和組織出血為特徵。

一、臨診檢疫

1. 流行特點　本病主要侵害鴨，鵝、天鵝也易感，1月齡以下雛鴨很少發病，成鴨較為嚴重。傳染源為病禽和帶毒禽，主要透過消化道感染，也可透過呼吸道、交配、眼結膜感染。本病傳染迅速，發生率和致死率都很高。

2. 臨診症狀　潛伏期一般為3～7d。病鴨體溫升高至43℃以上，呈滯留熱；精神委頓，食慾減少或廢絕，兩腳麻痺無力，嚴重的靜臥地上不願走動；部分病鴨表現頭頸部腫脹，俗稱「大頭瘟」；多數病鴨有流淚和眼瞼水腫等症狀；排出綠色或灰白色稀糞，泄殖腔黏膜水腫，嚴重者黏膜外翻。

3. 病理變化　可見敗血症的病變，全身皮膚、黏膜和漿膜出血。頭頸腫脹的病例，皮下組織有黃色膠樣浸潤。食道黏膜表面有小出血斑點或灰黃色偽膜覆蓋；泄殖腔黏膜表面出血或覆蓋一層灰褐色或綠色的壞死結痂；腸黏膜充血、出血，在空腸、迴腸等部位有環狀出血。產蛋母鴨卵泡充血、出血、變形，有時卵泡破裂，形成卵黃性腹膜炎。雛鴨法氏囊呈深紅色，表面有針尖狀的壞死灶，囊腔充滿白色的凝固性滲出物。

二、實驗室檢疫

1. 病原的分離與鑑定　取病鴨的血液、肝、脾，經過處理後，接種於9～14日齡鴨胚或鴨胚胎成纖維細胞，收取尿囊液或細胞培養物，採用聚合酶鏈式反應（PCR）、螢光定量PCR進行鑑定。

2. 血清學檢查　檢查血清中的鴨瘟抗體，可採用病毒中和試驗（VN）、酶聯免疫吸附試驗（ELISA）和螢光抗體技術（FAT）等。

三、檢疫後處理

發生疫情時，撲殺發病鴨群並進行無害化處理，對鴨舍和周圍環境進行嚴格消毒，對受威脅鴨群進行觀察，必要時進行緊急接種。

宰前檢出本病時，撲殺病鴨並進行無害化處理；同群鴨隔離觀察，確認無異常的，准予屠宰。宰後檢出本病時，胴體及內臟進行無害化處理。

任務十二　小鵝瘟的檢疫

小鵝瘟（Goose parvovirus，GP）又稱鵝細小病毒感染，是由鵝細小病毒引起的一種急性的或亞急性的敗血性傳染病。以嚴重腹瀉、滲出性腸炎為特徵。

一、臨診檢疫

1. 流行特點　自然病例見於雛鵝和雛番鴨，7日齡以內的致死率可達100％，10日齡以上者致死率一般不超過60％，20日齡以上的發生率更低，而1月齡以上的則極少發病。成年鵝多隱性感染。病雛鵝、病雛番鴨和帶毒鵝、帶毒番鴨是主要傳染源，主要透過消化道和直接接觸傳染。

2. 臨診症狀　根據病程長短可分為最急性型、急性型和亞急性型。

（1）最急性型。多發生於7d內，突然發病，無前驅症狀，發現時即極度衰弱，死亡快，傳染快，發生率可達100％，致死率高達95％以上。

（2）急性型。多發生於1～2週齡，表現精神委頓，食慾減退或廢絕；嚴重腹瀉，排灰白色或青綠色稀糞；呼吸用力，鼻流漿性分泌物；死前出現抽搐等症狀。

（3）亞急性型。多發生於2週齡以上，以精神沉鬱、腹瀉和消瘦為主要症狀。

3. 病理變化

（1）最急性型。除腸道有急性卡他性炎症外，無其他明顯病變。

（2）急性型和亞急性型。心臟變圓，心尖部心肌蒼白；空腸、迴腸黏膜壞死脫落，與凝固的纖維素性滲出物形成栓子或包裹在腸內容物表面形成偽膜。

二、實驗室檢疫

1. 病原的分離與鑑定　採取病鵝的肝、脾等病料，經過處理後，接種於12～14日齡鵝胚，收取尿囊液，透過螢光抗體技術（FAT）、血清中和試驗（SN）、瓊脂擴散試驗（AGID）、聚合酶鏈式反應（PCR）進行鑑定。

2. 血清學檢查　常用方法有瓊脂擴散試驗（AGID）、阻斷酶聯免疫吸附試驗（B-ELISA）和病毒中和試驗（VN）等。

三、檢疫後處理

發生疫情時，撲殺發病鵝群並進行無害化處理，對鵝舍和周圍環境進行嚴格消毒，對受威脅鵝群進行緊急免疫接種。若孵化場分發出去的雛鵝在3～5d後發病，即表示孵坊已被汙染，應立即停止孵化，全面徹底消毒，對孵出後的雛鵝注射高免血清。

宰前檢出本病時，撲殺病鵝並進行無害化處理；同群鵝隔離觀察，確認無異常的，准予屠宰。宰後檢出本病時，胴體及內臟進行無害化處理。

第六章　禽疫病的檢疫管理

操作與體驗

技能一　雛白痢的檢疫

（一）技能目標
（1）掌握雛白痢臨診檢疫。
（2）會用全血平板凝集試驗進行雛白痢檢疫。
（3）會進行雛白痢病原學檢查。

（二）材料設備

1. 所需試劑　雛白痢多價染色平板抗原、強陽性血清（500IU/mL）、弱陽性血清（10IU/mL）、陰性血清、滅菌生理鹽水、培養基、革蘭染色液等。

2. 所需器材　玻璃板、玻璃鉛筆、可調移液器（20～200μL）、一次性吸頭、消毒針頭、乳頭滴管、酒精燈、酒精棉球、接種環、載玻片、顯微鏡、恆溫箱等。

（三）方法步驟

1. 臨診檢疫

（1）流行病學調查。詢問雞群的飼養管理和發病情況。
（2）臨診症狀。根據已學的雛白痢臨診症狀進行仔細觀察。
（3）病理變化。對病死雞或病雞進行剖檢，注意觀察特徵性病理變化。

2. 全血平板凝集試驗

（1）操作方法。
①在潔淨的玻璃板上，用玻璃鉛筆劃成 3cm×3cm 的方格，並編號。
②將抗原搖勻後，用滴管吸取 1 滴（約 0.05mL），垂直滴加於方格內。
③用針頭刺破雞的冠尖或翅靜脈，用移液器吸取與抗原等量的血液，滴加在方格內，與抗原充分混勻，輕輕搖動玻璃板，2min 內判定結果。
④設立強陽性血清、弱陽性血清和陰性血清對照。

（2）判定標準。在 2min 內，抗原與陽性血清出現 100％凝集（♯），與弱陽性血清出現 50％凝集（＋＋），與陰性血清不凝集（－）時，試驗成立。否則重新試驗。
①100％凝集（♯）。紫色凝集塊大而明顯，混合液較清。
②75％凝集（＋＋＋）。紫色凝集塊較明顯，混合液輕度混濁。
③50％凝集（＋＋）。出現明顯的紫色凝集顆粒，混合液較為混濁。
④25％凝集（＋）。出現少量的細小顆粒，混合液混濁。
⑤不凝集（－）。無凝集顆粒出現，混合液混濁。

（3）結果判定。
①陽性反應。被檢全血與抗原出現 50％凝集（＋＋）以上凝集。
②陰性反應。被檢全血與抗原不發生凝集。
③可疑反應。被檢全血與抗原出現 50％凝集（＋＋）以下凝集。將可疑雞隔離飼養 1 個月後，再檢驗，若仍為可疑反應，則按陽性反應判定。

3. 病原學檢查

（1）分離培養。無菌採取雞的肝、膽囊、脾、卵巢等組織樣品，用接種環蘸取病

料，在麥康凱瓊脂平板上劃線。置37℃溫箱內培養24h，取出觀察結果。如平板上有分散、光滑、濕潤、微隆起、半透明、無色或與培養基同色的，具黑色中心的細小菌落，則為雛白痢沙門氏菌可疑菌落。

（2）三糖鐵試驗。從每一分離平板上用接種針挑取可疑雛白痢沙門氏菌單個菌落至少3個，分別移種於三糖鐵瓊脂斜面培養基上（先進行斜面劃線，再做底層穿刺接種），於37℃恆溫箱內培養18~24h，取出觀察並記錄結果。雛白痢沙門氏菌在斜面上產生紅色菌苔，底部僅穿刺線呈黃色並慢慢變黑，但不向四周擴散，說明產生硫化氫，無動力；有裂紋形成，說明產氣。

（3）細菌形態鑑定。自斜面取培養物做成塗片，革蘭染色後鏡檢。雛白痢沙門氏菌為單獨存在、革蘭陰性、兩端鈍圓、無芽孢的小桿菌。用培養物做懸滴標本觀察，無運動性。

（四）考核標準

序號	考核內容	考核要點	分值	評分標準
1	臨診檢疫（20分）	流行病學調查	5	調查全面
		臨診症狀檢查	5	根據待檢雞的症狀正確判斷有無雛白痢症狀
		病理檢查	10	根據待檢雞的病變正確判斷有無雛白痢病變
2	全血平板凝集試驗（30分）	操作方法	15	嚴格按照試驗步驟操作
		結果判定	15	正確判定結果
3	病原學檢查（50分）	分離培養	20	正確採樣、選擇培養基分離培養、識別菌落
		三糖鐵試驗	20	三糖鐵試驗操作步驟正確、結果判定正確
		細菌形態鑑定	10	正確進行細菌培養物染色鏡檢並判定結果
	總分		100	

技能二　反轉錄-聚合酶鏈式反應（RT-PCR）檢測新城病病毒

（一）技能目標

（1）會新城病檢樣的採集與處理。

（2）會 RT-PCR 的操作方法。

（3）會 RT-PCR 的結果判定。

（二）材料設備

1. 儀器設備　PCR儀、凝膠電泳儀、電泳儀、紫外凝膠成像管理系統、高速冷凍離心機、微量可調移液器、生物安全櫃、剪刀、鑷子。

2. 試劑　抗生素（青黴素、鏈黴素、卡那黴素和制黴菌素等）、0.2mol/L磷酸氫二鈉、DEPC水、裂解液 Trizol（4℃保存）、三氯甲烷（-20℃預冷）、異丙醇（-20℃預冷）、75%乙醇（用新開啟的無水乙醇和DEPC水配製，-20℃預冷）、0.01mol/L（pH7.2）PBS（1.034×10^5Pa，15min高壓滅菌冷卻後，無菌條件下加入青黴素、鏈黴素各 10 000IU/mL）、反轉錄和PCR10×緩衝液、AMV反轉錄酶（5U/μL，-20℃保存）、RNA酶抑制劑（40U/μL，-20℃保存）、TaqDNA聚合酶

(5U/μL，－20℃保存，不要反覆凍融或溫度劇烈變化)、dNTPs（含 dCTP、dGTP、dATP、dTTP 各 10mmol/L）、氯化鎂（25mmol/L）、電泳緩衝液（5×TBE 儲存液）、溴化乙啶溶液（10mg/mL）、1.5%瓊脂糖凝膠、DNA 相對分子品質標準物 Marker（DL2000）、上樣緩衝液。

3. 引物 10μmol/L。根據 F 基因序列設計，擴增產物長度為 535bp。

上游引物 P1　5′-ATGGGCYCCAGAYCTTCTAC-3′
下游引物 P2　5′-CTGCCACTGCTAGTTGTGATAATCC-3′

（三）方法步驟

1. 任務三與前處理

（1）樣品的採集。患病禽採集咽喉拭子和泄殖腔拭子（需帶有可見糞便），雛禽採集新鮮糞便；病死禽無菌採集肺、腎、脾、腦、肝、心組織和骨髓。

（2）樣品的處理。樣品置於含抗生素的 PBS，組織和咽喉拭子保存液中含青黴素（2 000U/mL）、鏈黴素（2mg/mL）、卡那黴素（50μg/mL）和制菌黴素（2 000U/mL），而糞便和泄殖腔拭子保存液抗生素濃度提高 5 倍。加入抗生素後 0.2mol/L 磷酸氫二鈉調 pH 到 7.0～7.4。樣品在 4℃，經 3 000r/min 離心 10min，取上清液用 0.22μm 濾膜過濾除菌。

（3）處理後樣品的保存。處理後樣品在 2～8℃ 條件下保存不超過 4d，若需長期保存，應置於－70℃冰箱，但應避免反覆凍融。

2. 試驗步驟

（1）樣品核酸的提取。

①在樣品處理區，取 n 個 1.5mL 滅菌離心管，其中 n 為待檢樣品數、一管陽性對照及一管陰性對照之和，對每個管進行編號標記。

②每管加入 600μL 裂解液，然後分別加入待測樣品、陰性對照和陽性對照各 200μL，一份樣品換用一個吸頭。再加入 200μL 三氯甲烷，混勻器上振盪混勻 20s，室溫靜置 10min。於 4℃ 條件下，12 000r/min 離心 15min。

③取與①中相同數量的 1.5mL 滅菌離心管，加入 500μL 異丙醇（－20℃預冷），對每個管進行編號。吸取②離心後各管中的上清液轉移至相應的管中，上清液至少吸取 500μL，注意不要吸出中間層，顛倒混勻。

④於 4℃ 條件下，12 000r/min 離心 15min（離心管開口保持朝離心機轉軸方向放置）。輕輕倒去上清液，倒置於吸水紙上，吸乾液體，不同樣品應在吸水紙不同地方吸乾。加入 600μL 75%乙醇，顛倒洗滌。

⑤於 4℃ 條件下，12 000r/min 離心 10min（離心管開口保持朝離心機轉軸方向放置）。輕輕倒去上清液，倒置於吸水紙上，吸乾液體，不同樣品應在吸水紙不同地方吸乾。

⑥4 000r/min 離心 10s，將管壁上的殘餘液體甩到管底部，用微量加樣器盡量將其吸乾，一份樣品換用一個吸頭，吸頭不要碰到有沉澱一面，室溫乾燥約 3min。不宜過於乾燥，以免 RNA 不溶。

⑦加入 20μL DEPC 水，輕輕混勻，溶解管壁上的 RNA，2 000r/min 離心 5s，冰上保存備用。提取的 RNA 應在 2h 內進行酶聯免疫吸附（RT-PCR）擴增或保存於－70℃冰箱，將核酸轉移至反應混合物配製區。

(2) RT-PCR擴增。以下操作在反應混合物配製區的冰盒上進行，按表6-1配製RT-PCR反應體系。試驗過程中要設立陽性對照、陰性對照和空白對照。配製檢測樣品總數所需反應液，可以多配一個樣品使用量。

表6-1 RT-PCR反應體系配置

組　分	用　量（μL）
10×緩衝液	2.5
dNTPs	2
AMV反轉錄酶	0.7
RNA酶抑制劑	0.5
TaqDNA聚合酶	0.7
上游引物P1	1
下游引物P2	1
模板RNA	3
DEPC水	13.6
總體積	25

將以上反應體系瞬時離心充分混勻後，置PCR儀內運行下列程序：42℃、45min，1個循環；5℃、3min，1個循環；94℃、30s，55℃、30s，72℃、45s，30個循環；72℃、7min，1個循環；PCR產物置4℃保存。

(3) PCR產物電泳。製備1.5%瓊脂糖凝膠板，取5μL PCR產物和0.5μL上樣緩衝液混勻，加入凝膠板加樣孔，同時加Marker、陰性對照和陽性對照。5V/cm電壓電泳30~40min。紫外凝膠成像管理系統內觀察結果、照相。

3. 結果及判定 陽性對照出現535bp目的條帶，陰性對照和空白對照均未出現目的條帶，試驗成立。

(1) 陽性。被檢樣品出現535bp目的條帶，判為陽性。

(2) 陰性。被檢樣品未出現535bp目的條帶，判為陰性。

(四) 考核標準

序號	考核內容	考核要點	分值	評分標準
1	樣品的採集與前處理（30分）	樣品的採集	10	樣品採集部位及方法正確
		樣品的處理	15	處理樣品正確
		處理樣品的保存	5	正確保存處理的樣品
2	RT-PCR試驗步驟（50分）	樣品核酸的提取	20	操作步驟正確
		RT-PCR擴增	15	正確配製RT-PCR反應體系，PCR儀內運行程序正確
		PCR產物電泳	15	操作步驟正確
3	結果及判定（10分）	結果判定	10	正確判定有無新城疫病毒存在
4	職業素養評價（10分）	安全意識	5	注意無菌操作和人身安全
		合作意識	5	與小組成員密切配合
	總分		100	

知識拓展

拓展知識　種禽場主要疫病監測工作實施方案

（一）監測目的

掌握種禽重大動物疫病和主要垂直傳染性疫病流行狀況，追蹤監測病原變異特點與趨勢，查找傳染風險因素，加強種禽主要疫病預警監測和淨化工作。

（二）樣品採集

1. 採樣數量

祖代場禽場。祖代雞場每個場採集種蛋150枚、血清100份、咽喉/泄殖腔拭子100份；祖代水禽場每個場採集血清100份、咽喉/泄殖腔拭子100份。

2. 樣品要求　樣品來源原則上不少於3棟禽舍的開產後種雞。所採集的血清、咽喉/泄殖腔拭子樣品應一一對應，種蛋樣品應來自對應禽舍。

（1）血清樣品。每份採集2～3mL全血，凝固後析出血清不少於0.7mL，用1.5mL離心管冷凍保存。

（2）拭子樣品。同一家禽的咽喉/泄殖腔拭子放在同一個離心管中，其中雞咽喉/泄殖腔拭子採集雙份樣品，一份加1mL磷酸鹽緩衝液保護液，一份加1mL胰蛋白酶肉湯保護液；鴨、鵝咽喉/泄殖腔拭子採集單份樣品，加1mL磷酸鹽緩衝液保護液。冷凍保存。

（3）蛋清樣品。每枚種蛋採集5～10mL蛋清，用15mL離心管冷凍保存。

3. 樣品編號　血清樣品以「A_{01}～A_n」模式編寫，種蛋樣品以「B_{01}～B_n」模式編寫，咽喉/泄殖腔拭子以「C_{01}～C_n」模式編寫。同一個體的血清樣品與咽喉/泄殖腔拭子樣品編號一一對應。

4. 樣品資訊　採樣的同時填寫《種禽場採樣記錄表》（表6-2）。

表6-2　種禽場採樣記錄表

縣：　　　市：　　　種禽場名稱：　　　採樣人：　　　電話：　　　採樣時間：　　年　月　日

序號	禽種	品種（配套系）	存欄量	棟號	性別	日齡	種雞產蛋階段（初期、高峰期、繼代留種前）	編號起止			末次免疫時間				
								血清	咽腔拭子	種蛋	禽流感疫苗	新城病疫苗	鴨瘟疫苗	鴨病毒性肝炎疫苗	小鵝瘟疫苗
1															
2															
3															
4															

註：1. 此單一式三份，採樣單位和被採樣單位各保存一份，隨樣品遞交一份。
　　2.「編號起止」按照種禽樣品編號要求表示，各場保存原禽隻編號。

（三）樣品檢測

檢測禽流感、禽白血病、禽網狀內皮組織增殖症和沙門氏菌病4種疫病10個項目。具體檢測項目及方法見表6-3。必要時抽取部分樣品進行病毒分離鑑定和基因

序列測定，調查病原變異情況。

表 6-3　種禽場檢測項目及其方法

序號	檢測病種	檢測項目	樣品類型	檢測方法
1	禽流感	AIV-H5	咽喉/泄殖腔拭子	RT-PCR
2		AIV-H7	咽喉/泄殖腔拭子	RT-PCR
3		AIV-H7抗體	血清	HI
4		AIV-H5抗體	血清	HI
5	禽白血病	ALV-P27抗原	雞蛋清	ELISA
6		ALV-J亞群抗體	雞血清	ELISA
7		ALV-A/B亞群抗體	雞血清	ELISA
8	沙門氏菌（雞白痢和禽傷寒）	沙門氏菌	雞咽喉/泄殖腔拭子	細菌分離
9		雞白痢抗體	雞血清	平板凝集
10	禽網狀內皮組織增殖症	REV抗體	雞血清	ELISA

複習與思考

1. 養雞場檢出高致病性禽流感時，應採取哪些處理措施？
2. 如何檢疫淨化種雞群禽白血病？
3. 如何應用全血平板凝集試驗進行雛白痢檢疫？
4. 鴨瘟的臨診檢疫要點有哪些？
5. 雞新城病的臨診檢疫要點有哪些？

第七章

《動物防疫與檢疫技術》

牛羊疫病的檢疫管理

章節指南

本章的應用：檢疫人員依據牛海綿狀腦病、藍舌病、牛病毒性腹瀉/黏膜病、牛白血病、牛傳染性鼻氣管炎、小反芻獸疫、羊痘、山羊病毒性關節炎-腦炎、片形吸蟲病的臨診檢疫要點進行現場檢疫；檢疫人員對牛、羊疫病進行實驗室檢疫；檢疫人員根據檢疫結果進行檢疫處理。

完成本章所需知識點：牛海綿狀腦病、藍舌病、牛病毒性腹瀉/黏膜病、牛白血病、牛傳染性鼻氣管炎、小反芻獸疫、羊痘、山羊病毒性關節炎-腦炎、片形吸蟲病的流行病學特點、臨診症狀和病理變化；牛、羊疫病的實驗室檢疫方法；牛、羊疫病的檢疫後處理；病死及病害動物的無害化處理。

完成本章所需技能點：牛、羊疫病的臨診檢疫；牛傳染性鼻氣管炎、牛病毒性腹瀉/黏膜病、片形吸蟲病的實驗室檢疫；染疫牛、羊屍體的無害化處理。

認知與解讀

任務一　牛海綿狀腦病的檢疫

牛海綿狀腦病（Bovine spongiform encephalopathy，BSE）俗稱瘋牛病，是由朊病毒引起的一種神經性、進行性、致死性疾病。牛海綿狀腦病於1986年11月在英國被發現，世界動物衛生組織（WOAH）將本病列為必須報告的動物疫病。

一、臨診檢疫

1. 流行特點　本病多發於4～6歲的成年牛。易感動物有牛科動物（家牛、非洲林羚、大羚羊、瞪羚、白羚、金牛羚、彎月角羚、美歐野牛）和貓科動物（家貓、獵豹、美洲山獅、虎貓、虎），實驗條件下可感染牛、豬、綿羊、山羊、鼠、貂、長尾猴和短尾猴，人也感染。本病主要由於食入混有癢病病羊或牛海綿狀腦病牛屍體加工成的肉骨粉而感染。

2. 臨診症狀 潛伏期長達 2～8 年，平均 4～5 年。病牛表現焦慮不安、恐懼、暴躁，攻擊性增強；對觸摸、光照及聲音敏感，當觸及其後肢時極度不安；運動時步調不穩，共濟失調，四肢伸展，極易摔倒。整個病程多為 1～3 個月，個別可長達 1 年，病牛幾乎全部死亡。

3. 病理變化 屍體剖檢無明顯肉眼可見病變。

二、實驗室檢疫

1. 組織病理學檢查 採集整個大腦及腦幹或延髓，經 10% 福馬林固定後，切片染色鏡檢，可見典型病理變化為腦組織呈海綿狀空泡變性。

2. 病原檢測 目前病原檢測主要採用特異性強、靈敏度高的免疫組織化學法（IHC）、免疫印跡技術（WB）和酶聯免疫吸附試驗（ELISA）進行檢查。

三、檢疫後處理

1. 加強口岸檢疫 禁止從牛海綿狀腦病發病國（地區）或高風險國（地區）進口活牛及其產品。檢出陽性病例，應立即採取封鎖、隔離措施，並立即上報主管部門，全群動物做退回或者撲殺銷毀處理。

2. 加強飼料管理 嚴禁用含反芻動物源性成分的物品作為牛的飼養成分。

任務二　藍舌病的檢疫

藍舌病（Bluetongue，BT）是以昆蟲為傳染媒介由藍舌病病毒引起反芻動物的一種急性、非接觸性傳染病。世界動物衛生組織（WOAH）將其列為法定報告動物疫病。

一、臨診檢疫

1. 流行特點 綿羊為主要的易感動物，1 歲左右的青年羊發生率和致死率高，牛和山羊的易感性較低，多為隱性感染。本病多發於庫蠓分布較多的河邊、池塘與低窪沼澤處，以濕熱的 5～10 月多見。庫蠓及綿羊虱蠅等吸血昆蟲是本病的主要傳染媒介。

2. 臨診症狀 潛伏期 3～8d，病程為 6～14d。病初體溫高達 40～42℃，滯留 2～6d。厭食、流涎，口腔黏膜發紺，雙唇水腫。嚴重者口鼻黏膜糜爛，腹瀉，排血便。部分病羊四肢甚至軀體兩側被毛脫落，有的蹄冠充血、發炎、跛行。個別孕畜流產或產死胎、畸胎。山羊的症狀與綿羊相似，但一般比較輕微，牛通常症狀不明顯。

3. 病理變化 乳房和蹄冠等部位上皮脫落但不發生水泡，蹄部有蹄葉炎變化，並常潰爛；鼻腔、口腔、瘤胃、瓣胃黏膜有小點出血、潰瘍和壞死；皮下組織出血及膠樣浸潤；全身淋巴結充血、水腫；心內膜和心外膜有出血。

二、實驗室檢疫

1. 病原學檢查 可取綿羊血液、血清或自新鮮屍體採取脾、淋巴結進行病毒分

離培養，用螢光抗體技術（FAT）進行病原學檢查。也可應用反轉錄-聚合酶鏈式反應（RT-PCR）檢測病料中的病毒。

2. 血清學檢查　可透過病毒中和試驗（VN）、瓊脂擴散試驗（AGID）、競爭酶聯免疫吸附試驗（C-ELISA）等檢測血清中的抗體，以進行該病的診斷。

三、檢疫後處理

檢出陽性或發病動物，立即上報疫情。確診後，立即劃定疫點、疫區和受威脅區。疫點、疫區內牛、羊等易感動物禁止運出，撲殺發病動物並進行無害化處理，汙染場所進行全面徹底消毒。疫區及受威脅區的易感動物進行緊急免疫接種。肉、奶、蛋、毛等動物產品不存在傳染本病的風險，其移動運輸一般不受限制。

任務三　牛病毒性腹瀉/黏膜病的檢疫

牛病毒性腹瀉/黏膜病（Bovine viral diarrhea/mucosal disease，BVD/MD）是由牛病毒性腹瀉病毒引起的一種接觸性傳染病，以黏膜發炎、糜爛、壞死和腹瀉為特徵。

一、臨診檢疫

1. 流行特點　易感動物主要是牛，各種年齡的牛都有易感性，6～18月齡的牛易感性較強；本病毒對羊、豬、鹿、駱駝及其他野生反芻動物也具有一定的感染性。可透過呼吸道和消化道傳染，也可透過胎盤、交配和人工授精傳染易感動物。本病常年發生，冬春季節多發。

2. 臨診症狀　本病潛伏期為7～10d，個別可長達14d。主要表現為高燒，腹瀉（開始呈水瀉，之後帶有黏液和血），大量流涎，反芻停止，結膜炎，口腔黏膜和鼻黏膜糜爛或潰瘍，孕牛可能流產。有些病牛常有趾間皮膚糜爛壞死及蹄葉炎症狀，出現跛行。急性病例很少康復，通常在發病後1～2週內死亡。

3. 病理變化　鼻鏡、鼻腔、口腔黏膜有糜爛和潰瘍，消化道黏膜呈大小不一直線狀糜爛，以食道黏膜糜爛最為典型；瘤胃黏膜呈淡紫紅色，皺胃黏膜炎性水腫和糜爛；腸壁水腫，十二指腸黏膜有較規則的縱向排列的出血條紋，空腸和迴腸有點狀或斑點狀出血，黏膜呈片狀脫落，盲腸和結腸末端有縱向排列的出血條紋；腸繫膜淋巴結腫大、壞死。

二、實驗室檢疫

1. 病原學檢查　採集活體的血液、精液、眼鼻分泌物，死亡動物的脾、骨髓、腸繫膜淋巴結等，接種牛腎細胞、牛睪丸細胞進行分離培養。透過螢光抗體技術（FAT）、血清中和試驗（SN）和螢光反轉錄-聚合酶鏈式反應（螢光RT-PCR）進行鑑定。

2. 血清學檢查　通常採用病毒中和試驗（VN）、間接酶聯免疫吸附試驗（I-ELISA）等方法。

三、檢疫後處理

病死牛及撲殺的持續性感染牛屍體，進行無害化處理。同群其他動物隔離觀察，徹底消毒，必要時進行緊急免疫接種。

任務四　牛白血病的檢疫

牛白血病（Bovine leukosis，BL）又稱牛淋巴肉瘤病，是由牛白血病病毒引起的牛的一種慢性腫瘤性疾病。

一、臨診檢疫

1. 流行特點　自然條件下主要感染牛，綿羊也偶爾感染。本病主要發生於成年牛，尤以4～8歲的牛最常見，感染率高，發生率低，致死率高。

2. 臨診症狀　潛伏期很長，達4～5年，根據臨診表現可分為亞臨診型和臨診型。

（1）亞臨診型。臨診上無明顯全身症狀，僅血液中白血球或淋巴細胞數目異常增生，多數牛可持續多年或終身。

（2）臨診型。體溫一般正常，有時略升高。食慾不振、生長緩慢、體重減輕。全身淋巴結顯著增大，觸診無熱無痛，能移動，以頜下、肩前、股前淋巴結最為明顯。通常以死亡而告終，病程一般在數週至數月之間。

3. 病理變化　腹股溝淺淋巴結、髂淋巴結、腸繫膜淋巴結以及內臟淋巴結高度腫大，被膜緊張，呈均勻灰色。各臟器、組織形成大小不等的結節性或瀰散性肉芽腫病灶，皺胃、心臟和子宮最常發生病變。

組織學檢查可見腫瘤細胞浸潤和增生；血液學檢查可見白血球總數增加，淋巴細胞可增加75％以上，未成熟的淋巴細胞可增加到25％以上。血液學變化在病程早期最明顯，隨著病程的進展血象轉歸正常。

二、實驗室檢疫

1. 病原學檢查　外周血淋巴細胞培養分離，用電鏡或聚合酶鏈式反應（PCR）鑑定。還可用聚合酶鏈式反應（PCR）檢查外周血中的病毒DNA，用聚合酶鏈式反應（PCR）和原位雜交技術（ISH）檢測腫瘤中的病毒。

2. 血清學檢查　瓊脂擴散試驗（AGID）是目前的常用方法，也可選用間接酶聯免疫吸附試驗（I-ELISA）、阻斷酶聯免疫吸附試驗（B-ELISA）等方法。

三、檢疫後處理

發現病牛，立即淘汰，屍體做無害化處理。隔離可疑感染牛，在隔離期間加強檢疫，發現陽性牛立即淘汰。

宰前檢疫發現本病及可疑病牛，用無血方式撲殺，屍體化製或銷毀。宰後檢疫發現本病腫瘤，胴體、內臟進行無害化處理。

任務五　牛傳染性鼻氣管炎的檢疫

牛傳染性鼻氣管炎（Infectious bovine rhinotracheitis，IBR）又稱壞死性鼻炎、紅鼻病，是由牛傳染性鼻氣管炎病毒引起牛的一種急性、熱性、高度接觸性傳染病，以黏液性鼻漏和結膜炎為特徵。

一、臨診檢疫

1. 流行病學　本病只發生於牛，各種年齡和品種的牛均易感，以 20～60 日齡的犢牛最易感，致死率較高。本病可透過直接接觸或透過呼吸道、生殖道傳染，在秋冬季節多發。

2. 臨診症狀　潛伏期一般為 4～6d。

（1）呼吸道型。本病最常見的一種類型。病初高燒（40～42℃），流淚、流涎，有黏膿性鼻液，高度呼吸困難。鼻黏膜高度充血，呈火紅色，稱為紅鼻病。

（2）生殖道型。經交配傳染，母畜表現外陰陰道炎，陰門、陰道黏膜充血，有時表面有散在性灰黃色、粟粒大的膿疱，重症者膿疱融合成片，形成偽膜。公畜表現為龜頭包皮炎，龜頭、包皮、陰莖充血、潰瘍。

（3）流產型。多見初胎青年母牛妊娠期的任何階段，亦發生於經產母牛。

（4）腦炎型。易發生於 4～6 月齡犢牛，病初表現為流涕、流淚，呼吸困難，之後肌肉痙攣，興奮或沉鬱，角弓反張，共濟失調，發生率低但致死率高。

（5）眼炎型。常與呼吸道型合併發生。結膜充血、水腫，形成灰黃色顆粒狀壞死膜，嚴重者外翻；角膜混濁呈雲霧狀；眼、鼻流漿液性膿性分泌物。

3. 病理變化　呼吸道黏膜發炎，有淺在潰瘍，咽喉、氣管及支氣管黏膜表面有腐臭黏液性、膿性分泌物；眼結膜和角膜表面形成白斑；外陰和陰道黏膜有白斑、糜爛和潰瘍。流產胎兒的肝、脾局部壞死，部分皮下有水腫；皺胃黏膜發炎及潰瘍，大小腸有卡他性炎症。

二、實驗室檢疫

1. 病原學檢查　可採集呼吸道、生殖道或眼部分泌物、腦組織及流產胎兒心血、肺等作為病料，使用牛腎細胞培養物進行分離，利用螢光抗體技術（FAT）或血清中和試驗（SN）鑑定病毒。也可用 DNA 限制性內切酶酶切分析和即時螢光聚合酶鏈式反應等方法進行分子病原學檢測。

2. 血清學檢查　可採用微量病毒中和試驗（VN）、酶聯免疫吸附試驗（ELISA）等。

三、檢疫後處理

發現病牛，應用無血方式撲殺，屍體做無害化處理。同群動物隔離觀察並全面徹底消毒。

宰前檢疫發現本病，病牛用無血方式撲殺，屍體化製或銷毀，同群牛隔離觀察，確認無異常的，准予屠宰。宰後檢疫發現本病，胴體及內臟做無害化處理。

任務六　小反芻獸疫的檢疫

小反芻獸疫（Peste des petits ruminants，PPR）是由小反芻獸疫病毒引起小反芻動物的一種急性接觸性傳染病，以發燒、口炎、腹瀉、肺炎為特徵。世界動物衛生組織（WOAH）將其列為法定報告動物疫病。

一、臨診檢疫

1. 流行特點　山羊及綿羊為主要易感動物；牛多呈亞臨診感染，並能產生抗體；豬表現為亞臨診感染，無症狀，不排毒；鹿、野山羊、長角大羚羊、東方盤羊、瞪羚羊、駱駝可感染發病。本病可透過直接接觸或間接接觸傳染，以呼吸道感染為主，一年四季均可發生，但多雨季節和乾燥寒冷季節多發。

2. 臨診症狀　山羊臨診症狀比較典型，綿羊症狀一般較輕微。潛伏期一般為4~6d，長的可達到10d。

突然發燒，第2~3天體溫達40~42℃，發燒持續3d左右。病初有水樣鼻液，此後變成大量的黏膿性卡他樣鼻液，阻塞鼻孔造成呼吸困難。眼流分泌物，出現眼結膜炎。發燒症狀出現後，病羊口腔黏膜輕度充血，繼而出現糜爛，初期多在下齒齦周圍出現小面積壞死，嚴重病例迅速擴展到齒墊、硬腭、頰和頰乳頭以及舌，壞死組織脫落形成不規則的淺糜爛斑。多數病羊發生嚴重腹瀉，造成迅速脫水和體重下降。妊娠母羊可發生流產。

3. 病理變化　口腔和鼻腔黏膜糜爛壞死；支氣管肺炎，尖葉肺炎；盲腸、結腸近端和直腸出現特徵性條狀充血、出血，呈斑馬狀條紋；有時可見淋巴結水腫，特別是腸繫膜淋巴結；脾腫大並出現壞死病變。

二、實驗室檢疫

1. 病原學檢查　無菌採集呼吸道分泌物、血液、脾、肺、腸、腸繫膜和支氣管淋巴結等，擷取病毒後做單層細胞培養，觀察病毒致細胞病變作用。若發現細胞變圓、聚集，最終形成合胞體，合胞體細胞核以環狀排列，呈「鐘錶面」樣外觀。病毒檢測可採用血清中和試驗（SN）、反轉錄-聚合酶鏈式反應（RT-PCR）結合核酸序列測定，亦可採用抗體夾心ELISA。

2. 血清學檢查　可採用競爭酶聯免疫吸附試驗（C-ELISA）、瓊脂擴散試驗（AGID）等。

三、檢疫後處理

檢出陽性或發病動物，立即上報疫情。確診後，立即劃定疫點、疫區和受威脅區。撲殺疫點內的所有山羊和綿羊，並對所有病死羊、被撲殺羊及羊鮮乳、羊肉等產品按國家規定標準進行無害化處理，並全面消毒。關閉疫區內羊、牛交易市場和屠宰場，停止活羊、活牛展銷活動。必要時，對疫區和受威脅區羊群進行免疫，建立免疫隔離帶。

疫點內最後一隻羊死亡或撲殺，並按規定進行消毒和無害化處理後至少21d，疫

區、受威脅區經監測沒有新發病例時，經上一級農業主管部門組織驗收合格，由農業主管部門向原發布封鎖令的地方政府申請解除封鎖，由該地方政府發布解除封鎖令。

任務七　綿羊痘和山羊痘的檢疫

綿羊痘和山羊痘（Sheeppox and Goatpox，SGP）分別是由綿羊痘病毒、山羊痘病毒引起綿羊和山羊的急性熱性接觸性傳染病。以發燒和全身痘疹為特徵。世界動物衛生組織（WOAH）將其列為必須報告的動物疫病。

一、臨診檢疫

1. 流行特點　本病主要透過呼吸道感染，也可透過損傷的皮膚或黏膜侵入機體。在自然條件下，綿羊痘病毒只能使綿羊發病，山羊痘病毒只能使山羊發病。本病傳染快、發生率高，不同品種、性別和年齡的羊均可感染，羔羊較成年羊易感，細毛羊較其他品種的羊易感，粗毛羊和地方品種羊有一定的抵抗力。本病一年四季均可發生，多發於冬春季節。

2. 臨診症狀　本病的潛伏期為 5～14d。病羊體溫升至 40℃ 以上，食慾減少，精神不振，結膜潮紅，有漿液、黏液或膿性分泌物從鼻孔流出。在眼周圍、唇、鼻、乳房、外生殖器、四肢和尾腹側等無毛或少毛的皮膚上形成痘疹，開始為紅斑，1～2d 後形成丘疹，隨後丘疹逐漸擴大，變成灰白色或淡紅色半球狀的隆起結節。結節在幾天之內變成水泡，後變成膿疱，如果無繼發感染則在幾天內乾燥成棕色痂塊，痂塊脫落遺留一個紅斑，後顏色逐漸變淡。

3. 病理變化　咽喉、氣管、肺、胃等部位有痘疹，嚴重的形成潰瘍和出血性炎症。

二、實驗室檢疫

1. 病原學檢查　採取丘疹組織塗片，經鍍銀染色法染色鏡檢，在感染細胞質內可見深褐色的球菌樣圓形小顆粒（原生小體）。也可用吉姆薩或蘇木紫-伊紅染色，鏡檢細胞質內的包涵體，前者包涵體呈紅紫色或淡青色，後者包涵體呈紫色或深亮紅色，周圍繞有清晰的暈。也可用聚合酶鏈式反應（PCR）檢測待檢樣品中的病原。

2. 血清學檢查　可採用病毒中和試驗（VN）、瓊脂擴散試驗（AGID）、間接螢光抗體技術（IFAT）、酶聯免疫吸附試驗（ELISA）等方法。

三、檢疫後處理

一旦發現病羊或者疑似本病的羊，立即上報疫情。確診後，立即劃定疫點、疫區和受威脅區。對疫區實行封鎖，對疫點內的病羊及其同群羊徹底撲殺，對病死羊、撲殺羊及其產品無害化處理，對病羊排泄物和被汙染或可能被汙染的飼料、墊料、汙水等均需透過焚燒、發酵等方法進行無害化處理。對疫區和受威脅區內的所有易感羊進行緊急免疫接種。

疫區內沒有新的病例發生，疫點內所有病死羊、被撲殺的同群羊及其產品按規定處理 21d 後，對有關場所和物品進行徹底消毒，經上一級農業主管部門組織驗收合格

後，由當地農業主管部門提出申請，由原發布封鎖令的地方政府發布解除封鎖令。

任務八　山羊病毒性關節炎-腦炎的檢疫

山羊病毒性關節炎-腦炎（Caprine arthritis–encephalitis，CAE）是山羊關節炎-腦炎病毒引起山羊的慢性傳染性疾病。以山羊羔羊腦脊髓炎和成年山羊多發性關節炎為特徵。

一、臨診檢疫

1. 流行特點　山羊是本病的易感動物，綿羊不感染。該病的發生無年齡、性別、品系間的差異，但以成年羊發病居多，感染途徑以消化道為主。

2. 臨診症狀　根據臨診表現可分為3種病型。

（1）腦脊髓炎型。潛伏期為53～131d。本病多發生於2～4月齡羔羊，發病有明顯季節性，80％以上病例主要集中在3～8月發生。發病初期病羊沉鬱、跛行，進而四肢僵直或共濟失調，後肢麻痺，臥地不起，四肢划動。嚴重者眼球震顫、驚恐、角弓反張、頭頸歪斜或做圓圈運動。部分病例伴有面神經麻痺，吞嚥困難或失明等症狀。病程半月至1年。

（2）關節炎型。多發生於1歲以上的成年山羊，典型症狀是腕關節腫大和跛行，也可發生於膝關節和跗關節，俗稱「大膝病」。病初關節周圍的軟組織水腫、波動、疼痛，有輕重不一的跛行；進而關節腫大如拳，活動不便，常見前肢跪行。病程1～3年。

（3）肺炎型。較少見，患羊漸進性消瘦、咳嗽、呼吸困難，胸部聽診有濕囉音。病程3～6個月。

3. 病理變化　腦脊髓無明顯肉眼病變，偶爾在脊髓和一側腦白質有一棕色病區。關節周圍軟組織腫脹，皮下漿液滲出；關節囊肥厚，滑膜常與關節軟骨黏連，有鈣化斑；關節腔擴張，充滿黃色、粉紅色液體。肺輕度腫大，質地硬，表面有灰白色小點，切面呈葉狀或斑塊狀實變區。少數病例腎表面有直徑1～2mm的灰白病灶。

二、實驗室檢疫

1. 病原學檢查　可採取患病動物發燒期、瀕死期或新鮮屍體的肝製備乳懸液，進行病毒的分離，透過免疫雜交（IB）、螢光抗體技術（FAT）鑑定病毒。也可選用小鼠或倉鼠進行動物實驗。

2. 血清學檢查　主要應用瓊脂擴散試驗（AGID）或酶聯免疫吸附試驗（ELISA）確定隱性感染動物，應用螢光抗體技術（FAT）檢測血清中的IgM抗體也可以作為疾病早期的判定指標。

三、檢疫後處理

1. 檢出病羊　對發病山羊及檢出的陽性山羊進行撲殺，屍體做無害化處理；對同群其他動物隔離觀察1年以上，在此期間，進行實驗室檢查，陽性者一律淘

汰，在全部羊隻至少連續 2 次（間隔半年）呈血清學陰性時，方可認為該羊群已經淨化。

2. 加強種羊檢疫 禁止從疫區引進種羊；引進種羊前，應先做血清學檢查，運回後隔離觀察，其間再做兩次血清學檢查（間隔半年），均為陰性時才可混群。

任務九　片形吸蟲病的檢疫

片形吸蟲病（Fascioliasis）是由片形屬的片形吸蟲寄生於動物膽管中引起的一種寄生蟲病。以肝炎和膽管炎為特徵。

一、臨診檢疫

1. 流行特點 本病呈地方性流行，多發生在有中間宿主椎實螺的低窪和沼澤地帶。夏秋兩季為主要感染季節，秋末及冬季發病較多，多雨或久旱逢雨可促使本病流行。肝片形吸蟲病在中國普遍發生，主要感染羊、牛；大片形吸蟲病多見於南方，多感染牛特別是水牛，山羊等亦有感染。

2. 臨診症狀 輕度感染往往無明顯症狀，感染嚴重時可出現症狀，多呈慢性經過。急性型僅見於羊，幼畜易感，致死率也高。

（1）急性型。多發生於夏末、秋季及初冬季節，可出現突然倒斃。病羊精神沉鬱，體溫升高，食慾減退，腹脹，偶有腹瀉，很快出現貧血，黏膜蒼白，嚴重者多在幾天內死亡。

（2）慢性型。多見於冬末初春季節，表現為食慾不振，消瘦，被毛粗亂，腹瀉，貧血，水腫，乳牛產奶量顯著減少，孕畜流產。

3. 病理變化 膽管內發現蟲體。

（1）急性型。肝腫大，充血，表面有纖維素沉積，有 2～5mm 長的暗紅色蟲道，內有凝固的血液和很小的蟲體。嚴重感染時，可見腹膜炎病變，有時腹腔內有大量血液。

（2）慢性型。早期肝腫大，之後萎縮硬化；膽管擴張、肥厚、變粗，呈繩索樣突出於肝表面，膽管內壁有鹽類沉積，內膜粗糙。

二、實驗室檢疫

1. 病原檢查 採用水洗沉澱法、片形吸蟲蟲卵定量計數法檢查蟲卵，也可透過肝蟲體檢查判定片形吸蟲。

2. 血清學檢查 主要應用酶聯免疫吸附試驗（ELISA）檢測血清中的特異性抗體。

三、檢疫後處理

對發病動物實施隔離治療，同場動物藥物預防，糞便發酵處理；進行環境消毒，消滅中間宿主椎實螺。

宰後檢疫發現本病，病變嚴重且肌肉有退行性變化的，整個胴體和內臟做無害化處理；病變輕微且肌肉無變化的，病變內臟化製或銷毀，胴體一般不受限制。

操作與體驗

技能　牛傳染性鼻氣管炎抗體的檢測

（一）技能目標
（1）會牛被檢血清製備的方法。
（2）會應用酶聯免疫吸附試驗（ELISA）檢測牛傳染性鼻氣管炎抗體。

（二）材料設備
1. 儀器設備　酶標儀、聚苯乙烯微量反應板（96孔酶標板）、單孔道及多孔道可調微量移液器（1μL、50μL、100μL、1 000μL）、微量滴頭、吸管（5mL、10mL）、刻度量筒（100mL、1 000mL）、試劑瓶（50mL、100mL、500mL）、洗滌瓶（500μL）、恆溫箱、剪毛剪、採血器、離心機、水浴鍋。

2. 試劑　包被抗原、血清（標準強陽性、陰性血清）、酶標記抗抗體、抗原包被緩衝液、封閉液、洗滌液、底物溶液、終止液、水（符合GB/T 6682分析實驗室二級水規格）、1%～2%碘酊棉球、75%酒精棉球。

（三）方法步驟
1. 被檢血清製備

（1）頸靜脈採血。在牛頸靜脈溝上1/3與中1/3交界處剪毛消毒，採血者用拇指（或食指與中指）在採血部位稍下方（近心端）壓迫頸靜脈血管，使之怒張，針頭與皮膚呈45°角由下向上方刺入血管，見有血液回流時，即可把針芯向外拉使血液流入採血器。

（2）血清製備。將血樣室溫下30°側斜靜置2～4h，待血液凝固有血清析出時，無菌剝離血凝塊，然後置4℃冰箱過夜，待大部分血清析出後經56～57℃去活化30min。必要時可低速離心（1 000r/min離心10～15min）析出血清。

（3）血清的保存。應－20℃以下保存，但應避免反覆凍融。

2. 試驗步驟

（1）包被酶標板。按照提供的包被抗原所附說明書要求，用包被液稀釋抗原，包被96孔酶標板，每孔100μL，置4℃冰箱過夜。

（2）洗滌。取出酶標板，甩掉孔內的包被緩衝液，注滿洗滌液，1～2min後甩乾，重複5次。洗滌液需在孔內滯留一定時間，以防本試驗的非特異性反應，也可用洗板機洗板。

（3）封閉。每孔注滿封閉液，置37℃封閉90min，按上述方法洗滌1～2次。置4℃冰箱備用，30d內均可使用。

（4）加樣。每步加樣完畢，均用振盪器充分振盪混勻。
①標準陰性血清、陽性血清和被檢血清均用稀釋液做100倍稀釋。
②每份被檢血清加兩孔，每孔100μL。
③每板均設標準陰、陽性血清及稀釋液對照各兩孔，每孔100μL。加樣完畢後置37℃溫箱作用1h，按上述方法洗滌。

（5）加酶標記抗抗體。每孔加入用稀釋液稀釋至工作濃度的酶標記抗抗體

100μL，置 37℃ 溫箱作用 1h，按上述方法洗滌。

（6）底物反應。每孔加底物溶液 100μL，置室溫避光反應約 20min。

（7）終止反應。每孔加終止液 50μL，在 30min 內測定 OD 值。

3. 結果判定

（1）S/N 值計算。用酶標儀在波長 450nm 下測定 OD 值，按下式計算 S/N 值：

$$S/N = 被檢血清平均 OD 值/標準陰性血清平均 OD 值$$

（2）判定結果。S/N＜1.50 判為陰性；1.50≤S/N≤2.0 判為可疑；S/N＞2.0 判為陽性。凡判為可疑的被檢血清均應複檢，複檢仍為可疑時，判為陽性。

（四）考核標準

序號	考核內容	考核要點	分值	評分標準
1	被檢血清製備（25 分）	頸靜脈採血	10	採血部位正確，量準確
		血清製備	10	血清製備及去活化正確
		血清的保存	5	正確保存血清
2	ELISA 操作步驟（60 分）	包被酶標板	10	酶標板包被正確
		洗滌	10	正確洗滌酶標板
		封閉	10	封閉液加注正確、洗滌正確
		加樣	10	加樣步驟正確、量準確
		加酶標記抗抗體	10	酶標記抗抗體加注正確、洗滌正確
		底物反應	5	加注底物溶液正確
		終止反應	5	加注終止液正確
3	結果判定（10 分）	S/N 值計算	5	S/N 值計算正確
		判定結果	5	正確判定結果
4	職業素養評價（5 分）	安全意識	3	注意無菌操作和人身安全
		合作意識	2	與小組成員密切配合
	總分		100	

知識拓展

拓展知識　種牛羊場主要疫病監測工作實施方案

(一) 監測目的

掌握種牛、種羊重大動物疫病和主要垂直傳染性疫病流行狀況，追蹤監測病原變異特點與趨勢，查找傳染風險因素，加強種牛、種羊主要疫病預警監測和淨化工作。

(二) 樣品採集

1. 採樣數量　每個種牛/種羊場採集牛/羊血清樣品 40 份，對應種牛眼/鼻/直腸拭子 40 份，對應種羊眼/鼻拭子 40 份，對應種公牛/種公羊精液 5 份，以及國外進口牛/羊冷凍精液 3 份。

2. 樣品要求　所採集的血清和拭子樣品應一一對應，樣品來源原則上不少於 3 棟牛舍/羊舍，採樣時應兼顧育成牛/羊和繁殖牛/羊的比例。

(1) 血清樣品。每份採集 3～5mL 全血，凝固後析出血清不少於 1.5mL，用 2mL 離心管冷凍保存。

(2) 拭子樣品。同一個體的拭子放在同一個 5mL 離心管中，加保存液約 2.5mL，冷凍保存。

(3) 精液樣品。每份採集 2mL，冷凍保存。

3. 樣品編號　牛血清樣品以「BX_1～BX_n」模式編寫，牛眼/鼻/直腸拭子以「BS_1～BS_n」模式編寫，牛精液樣品以「BJ_1～BJ_n」模式編寫，同一頭牛的血清樣品與眼/鼻/直腸拭子樣品編號一一對應。羊血清樣品以「CX_1～CX_n」模式編寫，羊眼/鼻拭子以「CS_1～CS_n」模式編寫，羊精液樣品以「CJ_1～CJ_n」模式編寫，同一隻羊的血清樣品與眼/鼻拭子樣品編號一一對應。

4. 樣品資訊　採樣的同時填寫《種牛場採樣記錄表》(表 7-1) 和《種羊場採樣記錄表》(表 7-2)。

表 7-1　種牛場採樣記錄表

縣：　　　市：　　　牛場名稱：　　　採樣人：　　　電話：　　　採樣時間：　　月　　日

序號	棟號	耳標號	性別	品種	月齡	胎次	母牛生產階段	樣品編號				末次免疫時間					炭疽
								血清	眼/鼻/直腸拭子	精液		口蹄疫（□O型；□亞I型；□A型）	布魯菌病	牛病毒性腹瀉	牛傳染性鼻氣管炎（牛皰疹病毒I型）	

註：1. 採樣時兼顧育成牛和繁殖牛的比例。
　　2. 在相應亞型口蹄疫疫苗前劃「√」。
　　3. 此單一式三份，採樣單位和被採樣單位各保存一份，隨樣品遞交一份。

第七章　牛羊疫病的檢疫管理

表7-2　種羊場採樣記錄表

縣：　　　市：　　　羊場名稱：　　　採樣人：　　　電話：　　　採樣時間：　　月　　日

序號	棟號	耳標號	性別	品種	月齡	胎次	母羊生產階段	樣品編號			末次免疫時間				
								血清	眼/鼻/拭子	精液	口蹄疫（□O型；□亞Ⅰ型；□A型）	布魯菌病	小反芻獸疫	羊痘	羊三聯四防

註：1. 採樣時兼顧育成羊和繁殖羊的比例。
　　2. 在相應亞型口蹄疫疫苗前劃「√」。
　　3. 此單一式三份，採樣單位和被採樣單位各保存一份，隨樣品遞交一份。

（三）樣品檢測

檢測布魯氏菌病、小反芻獸疫和牛病毒性腹瀉3種疫病7個項目，具體檢測項目及方法見表8-3。必要時抽取部分樣品進行病毒分離鑑定和基因序列測定。

表8-3　種牛、種羊場檢測項目及其方法

序號	動物種類	檢測病種	檢測項目	樣品類型	檢測方法
1	牛	布魯氏菌病	布魯氏菌病抗體	血清	ELISA
2			布魯氏菌	精液	PCR
3		牛病毒性腹瀉	牛病毒性腹瀉抗體	血清	ELISA
4			牛病毒性腹瀉病毒	眼/鼻/直腸拭子、精液	RT-PCR
5	羊	布魯氏菌病	布魯氏菌病抗體	血清	ELISA
6			布魯氏菌	精液	PCR
7		小反芻獸疫	小反芻獸疫病毒	眼/鼻拭子	RT-PCR

複習與思考

1. 養羊場檢出小反芻獸疫時，應採取哪些處理措施？
2. 如何應用酶聯免疫吸附試驗（ELISA）檢測牛傳染性鼻氣管炎抗體？
3. 藍舌病的臨診檢疫要點有哪些？
4. 羊痘的臨診檢疫要點有哪些？
5. 屠宰場宰後檢出片形吸蟲病時，應如何處理？

《動物防疫與檢疫技術》

第八章

兔疫病的檢疫管理

章節指南

本章的應用：檢疫人員依據兔病毒性出血病、兔黏液瘤病、兔熱病、兔球蟲病的臨診檢疫要點進行現場檢疫；檢疫人員對兔疫病進行實驗室檢疫；檢疫人員根據檢疫結果進行檢疫處理。

完成本章所需知識點：兔病毒性出血病、兔黏液瘤病、兔熱病、兔球蟲病的流行病學特點、臨診症狀和病理變化；兔疫病的實驗室檢疫方法；兔疫病的檢疫後處理；病死及病害動物的無害化處理。

完成本章所需技能點：兔疫病的臨診檢疫；兔病毒性出血病、兔熱病、兔球蟲病的實驗室檢疫；染疫兔屍體的無害化處理。

認知與解讀

任務一　兔病毒性出血病的檢疫

兔病毒性出血病（Rabbit haemorrhagic disease，RHD）俗稱兔瘟，是由兔出血病病毒引起的兔的一種急性、敗血性、高度接觸性傳染病。其特徵為突然發病，呼吸急促，猝死，出血性敗血症。

一、臨診檢疫

1. 流行特點　家兔均有易感性，多發於 2 月齡以上的兔，致死率可達 90% 以上。可透過直接接觸、消化道及呼吸道傳染。一年四季均可發生，多發於冬春寒冷季節。

2. 臨診症狀　潛伏期為 1～3d。根據病程可分為最急性型、急性型和慢性型。

（1）最急性型。多見於流行初期。病兔無任何先兆或僅表現短暫的興奮即突然倒地，抽搐，尖叫而亡。有的鼻孔流出帶泡沫樣血液，肛門附近黏有膠凍樣分泌物。

（2）急性型。病兔精神沉鬱，體溫升高到 41℃ 以上，渴慾增加，呼吸迫促，可

視黏膜發紺；便祕或腹瀉；臨死前體溫下降，四肢不斷划動，抽搐，尖叫；部分病兔鼻孔流出帶泡沫的液體，死後呈角弓反張。病程1~2d。

（3）慢性型。多見於疫病流行後期。輕微發燒，輕度神經症狀，逐漸衰弱死亡。

3. 病理變化 以全身實質器官瘀血、出血為主要特徵，呼吸道病變最為典型。喉頭、氣管黏膜瘀血、出血，氣管、支氣管內有許多淡紅或血紅色泡沫液體；肺嚴重瘀血、水腫，並有散在的針尖至綠豆樣大小的暗紅斑點，切開肺葉流出大量紅色泡沫狀液體；肝、脾、腎瘀血、腫大，多呈暗紫色；心內外膜有出血點；腸黏膜瀰漫性出血，腸繫膜淋巴結腫大、出血；腦和腦膜血管瘀血。

二、實驗室檢疫

1. 病原檢查

（1）電鏡觀察。取肝病料製成10％乳劑，超音波處理，高速離心，收集病毒，負染色後電鏡觀察。可發現一種直徑25~35nm，表面有短纖突的病毒顆粒。

（2）反轉錄-聚合酶鏈式反應（RT-PCR）。檢測肝、脾、肺等臟器及鼻腔分泌物中的病原核酸。

（3）微量血凝試驗（HA）。取肝病料製成10％乳劑，高速離心後取上清液與用PBS配製的1％人O型紅血球懸液進行微量血凝試驗，在2~8℃作用45min，凝集價大於或等於1∶160判為陽性。

2. 血清學檢查 常用微量血凝抑制試驗（HI），被檢血清的血凝抑制滴度大於或等於1∶16為陽性。此外，酶聯免疫吸附試驗（ELISA）也可用於本病抗體的檢測。

三、檢疫後處理

發生該病時，撲殺發病兔和同群兔，屍體做無害化處理，汙染的籠舍、場地、用具等徹底消毒。疫區內健康家兔進行緊急接種。

宰前檢疫發現本病，病兔撲殺進行無害化處理，同群兔隔離觀察，確認無異常的，准予屠宰。宰後檢疫發現本病，胴體、內臟及副產品等全部做無害化處理。

任務二　兔黏液瘤病的檢疫

兔黏液瘤病（Myxomatosis）是由黏液瘤病毒引起的一種高度接觸性、致死性傳染病。以全身皮下，特別是顏面部和天然孔周圍皮下發生黏液瘤性腫脹為特徵。

一、臨診檢疫

1. 流行特點 本病易感動物是家兔和野兔，主要透過蚊、蚤、蜱、蟎等節肢動物傳染，也可以透過直接或間接接觸傳染。本病一年四季均可發生，夏秋季節多發，發生率和致死率均高。

2. 臨診症狀 本病潛伏期3~7d。兔被帶毒昆蟲叮咬後，叮咬部位出現原發性腫瘤結節。然後病兔眼瞼水腫、流淚，黏液性或膿性結膜炎，腫脹可蔓延整個頭部和耳朵皮下，呈特徵性的「獅子頭」外觀。病兔肛門、生殖器、口和鼻孔周圍腫脹。病程一般8~15d，致死率可達100％。由弱毒株引起的黏液瘤，多侷限於身體少數部位且

不明顯，致死率低。

3. 病理變化 主要是皮膚腫瘤，皮膚和皮下組織顯著水腫，切開病變皮膚，見有黃色膠凍狀液體，尤其顏面部和天然孔周圍皮膚明顯。

二、實驗室檢疫

1. 病原檢查 可採取病變組織製成切片檢查包涵體或電鏡負染技術檢測皮膚病變。也可將病料懸液接種原代兔腎細胞培養，透過間接螢光抗體技術（IFAT）證實。

2. 血清學檢查 常用的方法有補體結合試驗（CFT）、間接螢光抗體技術（IFAT）、酶聯免疫吸附試驗（ELISA）以及瓊脂擴散試驗（AGID）等。

三、檢疫後處理

1. 檢出病兔 發現疑似本病發生時，應立即上報疫情，迅速做出確診，及時撲殺病兔和同群兔，屍體無害化處理，汙染場所徹底消毒。

2. 加強進境檢疫 進境家兔檢出陽性時，做撲殺、銷毀或退回處理。對進境兔毛皮等產品實施燻蒸消毒等除害措施。

任務三　兔熱病的檢疫

兔熱病（Tularaemia）又稱土拉倫斯病，是由土倫病法蘭西斯氏菌引起的人畜共患的一種急性傳染病。以淋巴結腫大、脾和其他內臟壞死為特徵。

一、臨診檢疫

1. 流行特點 嚙齒動物是主要易感動物和自然宿主，豬、牛、山羊、犬、貓等易感，人也可感染。本病主要透過蜱、蟎、牛虻、蚊、虱、蠅等吸血昆蟲傳染，也可透過消化道、呼吸道、傷口和皮膚黏膜感染，春末夏初多發。

2. 臨診症狀 潛伏期為1～9d。病兔出現食慾廢絕，體溫40℃以上，運動失調，高度消瘦和衰竭。頜下、頸下、腋下和腹股溝等處淋巴結腫大、質硬，鼻腔流漿液性鼻液，偶爾伴有咳嗽等症狀。

3. 病理變化 淋巴結腫大；脾、肝腫大充血，有點狀灰白色病灶；肺充血、肝變。

二、實驗室檢疫

1. 病原檢查

（1）觸片檢查。用肝、脾進行觸片，採用直接或間接螢光抗體技術檢查。

（2）分離培養。細菌培養以痰、膿液、血、支氣管洗出液等標本接種於法蘭西斯培養基等特殊培養基上，可分離出致病菌。

（3）組織切片檢查。採用螢光抗體技術（FAT）等方法檢查。

（4）動物試驗。取待檢樣品少量，豚鼠腹腔接種，病理變化明顯。

（5）聚合酶鏈式反應（PCR）和螢光聚合酶鏈式反應。用於分離菌的鑑定或病料的直接檢測。

第八章　兔疫病的檢疫管理

2. 血清學檢查　可採用酶聯免疫吸附試驗（ELISA）和試管凝集試驗（TA），主要用於人土拉菌病的診斷，對兔等易感動物來說，在特異抗體出現前已經死亡。

三、檢疫後處理

發現發病動物，撲殺發病動物及同群動物，並進行無害化處理。被汙染的場地、用具、場舍等徹底消毒，糞便深埋處理。疫區內健康家兔進行緊急接種或藥物預防。

任務四　兔球蟲病的檢疫

兔球蟲病（Rabbit coccidiosis）是由艾美耳屬的多種球蟲寄生於兔的小腸或肝膽管上皮細胞內引起的一種常見的原蟲病。特徵是腹瀉、貧血、消瘦。

一、臨診檢疫

1. 流行特點　各齡期的家兔都有易感性，以1～3月齡幼兔最易感，發生率和致死率高，成年兔發病輕微。病兔或帶蟲兔是主要的傳染源，仔兔主要透過食入母兔乳房上沾有的卵囊而感染，幼兔主要透過食入汙染卵囊的飼料、飼草和飲水而感染。多發於溫暖多雨季節。

2. 臨診症狀　病兔食慾減退或廢絕，精神沉鬱，眼鼻分泌物增多，眼結膜蒼白或黃染，幼兔生長停滯。患腸球蟲病時，腹瀉或腹瀉與便祕交替，肛門周圍常被糞便玷汙，腹圍膨大。患肝球蟲病時，肝區觸診疼痛，可視黏膜輕度黃染。幼兔多出現四肢痙攣、麻痺，常由於極度衰竭而死，致死率高達80%以上。

3. 病理變化　患肝球蟲病時肝腫大，表面和實質內有許多粟粒至豌豆大白色或淡黃色結節，沿小膽管分布；切開結節，流出乳白色、濃稠物質，混有不同發育階段的球蟲。慢性病例的肝體積縮小，質地變硬。

急性腸球蟲病主要見十二指腸擴張、壁厚，黏膜充血、出血；小腸內充滿氣體和大量微紅色黏液。慢性腸球蟲病可見腸黏膜呈灰色，腸黏膜上（尤其是盲腸蚓突部）有小而硬的白色結節，有時可見化膿性壞死灶。

二、實驗室檢疫

1. 腸、肝組織病原檢查　取病變明顯的腸道，縱向剪開，取少許腸內容物，直接均勻塗抹在載玻片上，覆以蓋玻片鏡檢，可看到卵囊。或取肝上的黃白色結節，放在研鉢內，加適量磷酸鹽緩衝液，充分研磨，取1滴研磨液滴在載玻片上，覆以蓋玻片鏡檢，可發現大量的裂殖體、裂殖子、球蟲卵囊。

2. 糞便內病原檢查　採用飽和鹽水漂浮法：取新鮮糞便2g放在研鉢中，加入10倍量飽和鹽水，攪拌混合均勻，用糞篩或紗布過濾，棄去糞渣，濾液靜置30min，使卵囊集中於液面，用直徑0.5～1cm的金屬圈水平蘸取液面，鏡檢可見大量球蟲卵囊。

三、檢疫後處理

病兔隔離治療，病死兔屍體銷毀；被汙染的兔籠、用具等消毒處理；糞便、墊草等焚燒或深埋處理。

動物防疫與檢疫技術

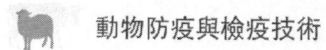

宰後檢疫發現本病，病變組織和內臟銷毀處理，胴體做無害化處理。

複習與思考

1. 兔病毒性出血病的臨診檢疫要點有哪些？
2. 如何進行兔熱病實驗室檢疫？
3. 屠宰場宰後檢出兔球蟲病時，應如何處理？

參考文獻

白文彬，于康震，2002. 動物傳染病診斷學［M］. 北京：中國農業出版社.
陳溥言，2006. 家畜傳染病學［M］. 5 版. 北京：中國農業出版社.
陳杖榴，2009. 獸醫藥理學［M］. 3 版. 北京：中國農業出版社.
費恩閣，李德昌，丁壯，2004. 動物疫病學［M］. 北京：中國農業出版社.
甘孟侯，楊漢春，2005. 中國豬病學［M］. 北京：中國農業出版社.
胡新崗，桂文龍，2012. 動物防疫技術［M］. 北京：中國農業出版社.
鞠興榮，2008. 動植物檢驗檢疫學［M］. 北京：中國輕工業出版社.
李舫，2014. 動物微生物與免疫技術［M］. 2 版. 北京：中國農業出版社.
劉秀梵，2012. 獸醫流行病學［M］. 3 版. 北京：中國農業出版社.
劉躍生，2011. 動物檢疫［M］. 杭州：浙江大學出版社.
陸承平，2013. 獸醫微生物學［M］. 5 版. 北京：中國農業出版社.
寧宜寶，2008. 獸用疫苗學［M］. 北京：中國農業出版社.
童光志，2008. 動物傳染病學［M］. 北京：中國農業出版社.
王功民，馬世春，2011. 獸醫公共衛生［M］. 北京：中國農業出版社.
汪明，2003. 獸醫寄生蟲學［M］. 3 版. 北京：中國農業出版社.
王志亮，陳義平，單虎，2007. 現代動物檢驗檢疫方法與技術［M］. 北京：化學工業出版社.
徐百萬，2010. 動物疫病監測技術手冊［M］. 北京：中國農業出版社.
閆若潛，李桂喜，孫清蓮，2014. 動物疫病防控工作指南［M］. 3 版. 北京：中國農業出版社.
楊廷桂，陳桂先，2011. 動物防疫與檢疫技術［M］. 北京：中國農業出版社.
Saif Y M，2012. 禽病學［M］. 12 版. 蘇敬良，高福，索勛，主譯. 北京：中國農業出版社.

動物防疫與檢疫技術

主　　　編	：朱俊平，葛愛民	
發 行 人	：黃振庭	
出 版 者	：崧燁文化事業有限公司	
發 行 者	：崧燁文化事業有限公司	
E - m a i l	：sonbookservice@gmail.com	
粉 絲 頁	：https://www.facebook.com/sonbookss/	
網　　　址	：https://sonbook.net/	
地　　　址	：台北市中正區重慶南路一段 61 號 8 樓 8F., No.61, Sec. 1, Chongqing S. Rd., Zhongzheng Dist., Taipei City 100, Taiwan	

電　　　話	：(02)2370-3310
傳　　　真	：(02)2388-1990
印　　　刷	：京峯數位服務有限公司
律師顧問	：廣華律師事務所 張珮琦律師

-版 權 聲 明────

本書版權為中國農業出版社授權崧燁文化事業有限公司獨家發行電子書及繁體書繁體字版。若有其他相關權利及授權需求請與本公司聯繫。

未經書面許可，不得複製、發行。

定　　價：300 元
發行日期：2025 年 02 月第二版
◎本書以 POD 印製

國家圖書館出版品預行編目資料

動物防疫與檢疫技術 / 朱俊平，葛愛民 主編 . -- 第二版 . -- 臺北市：崧燁文化事業有限公司 , 2025.02
面；　公分
POD 版
ISBN 978-626-416-302-6(平裝)
1.CST: 動物病理學 2.CST: 疾病防制 3.CST: 檢疫
437.24　　　　　114001231

電子書購買

爽讀 APP

臉書